KB074183

막스 플랑크의 물리 철학

과학적 신념은
어디에서 오는가

막스 플랑크 지음

이정호 옮김

전파과학사

The philosophy of physics
by
Dr. Max Planck

차례

지은이에 대하여   5
옮긴이의 말   6

Ⅰ. 물리학과 세상 철학 ·······························7
Ⅱ. 자연의 인과율 ·······································35
Ⅲ. 과학적 관념 : 그 근원과 결과 ·················71
Ⅳ. 학문과 신념 ··99

지은이에 대하여

플랑크(Max Planck)는 1858년에 독일의 킬(Kiel)에서 태어났다. 1877년 뮌헨대학을 졸업한 뒤 베를린대학에서 헬름홀츠와 키르히호프 교수 등의 지도를 받아 1879년 박사가 되었다. 그 후 처음에는 킬 대학에서 그리고 나중에는 베를린 대학에서 교수로 있으면서 이론 물리학, 특히 열역학의 연구에 몰두했다. 1901년에는 방사 법칙을 발표하여 국제적인 명성을 얻게 되었는데, 이 이론에서 그는 방사 에너지의 발산 및 흡수는 어떤 개개의 '양자'들의 정수배로 이루어진다고 주장하여 양자 이론의 기초를 마련하게 되었다. 1912년에는 이 양자 이론을 더 진전 시켜 모든 에너지의 발산은 불연속적이지만 그 흡수는 연속적이라고 가정했는데, 이 가정으로 인해 그는 흑체 복사 스펙트럼의 에너지 분포를 유도할 수가 있었으며, 더 나아가 양자 이론의 발전 및 수정의 교량 역할을 해줄 수가 있었다. 플랑크 상수 h는 그의 이름을 딴 것이며, 오늘날 우리는 플랑크 이전의 물리학을 고전 물리학이라고 부른다. 1918년에 그는 노벨 물리학상을 받았다. 만 70세가 되던 1928년에 학교에서 물러난 플랑크는 여생을 철학과 인과율의 문제들에 관한 연구에 보내면서, 이 책을 비롯하여 『과학이 어디쯤 가고 있는가?』와 『현대 물리학으로 비춰 본 우주』 등의 일반 과학 저서들을 썼다. 그는 1947년 90살의 나이로 세상을 떠났다.

6

옮긴이의 말

막스 플랑크가 이 책을 쓰던 1930년대는 양자 물리학의 발견이 거듭되고 있었고 특수 및 일반 상대론의 등장으로 물리학의 큰 혁명이 무르익고 있던 때였다. 고전 물리학에 의한 과학적 사고가 현대 물리학이라는 하나의 큰 충격파에 의해 새 단장을 해야 하던 시대에, 한 위대한 물리학자의 눈에 비친 물리 철학이 세상의 일반 철학과 어떤 관계를 갖느냐가 이 책에 잘 나타나 있다.

우리는 매우 가치 있다고 느끼는 책들이 일반인들에게 제대로 소개되지도 않은 채 먼지에 쌓이고 마는 것을 안타까워할 때가 있다. 과학사의 과도기에 쓰인 이 책의 역사적 가치를 충분히 인식하고 그에 따른 이 책의 부활의 당위성을 인정하면서, 이제 먼지를 털고 새 옷을 입혀 읽는 이들 앞에 내놓으려고 한다. 군데군데에 난해한 곳들이 있을 수 있겠는데, 원서의 탓인 것도 있겠지만 옮긴이의 부족함에서 비롯된 것들이 더 많으리라 생각하며, 읽는 이들의 많은 도움말을 기다리겠다.

끝으로 원고 정리를 도와준 김용희 씨에게 고마움을 전한다.

이른 봄

유성에서

I.
물리학과 세상 철학

I.

물리학과 세상 철학

이 장의 주제는 물리학이 세상의 일반 철학과 어떻게 접목(接木)되어 있는가에 대한 것이다. 여기에는 이러한 접목이 어디에서 이루어지는가에 대한 의문이 당연히 생길 수 있다. 물리학은 전적으로 무생물계의 물체 및 사건에만 관계되어 있다고 볼 수 있는 반면에, 일반 철학은 만약 그것이 조금이라도 만족스러운 것이라면 반드시 육체적인 삶 및 지성적인 삶의 전체를 포괄해야 하며, 또한 윤리에 관한 가장 고매한 문제들을 포함하여 영혼의 문제들을 다루어야 한다.

언뜻 보면 이러한 반론은 설득력을 지닐 수 있다. 그러나 좀더 면밀히 조사해 보면 그게 아니라는 것을 알게 될 것이다. 먼저, 무생물계도 결국은 세상의 일부이며, 따라서 어떤 세상 철학이 진정으로 포괄적인 것이 되려면 반드시 무생물계의 법칙들을 포용해야만 한다. 만약 그것이 무생물계와 모순이 된다면 궁극적으로 그러한 철학은 존속될 수가 없게 된다. 우리는 여기서 구태여 물리학으로 치명타를 받아 온 상당한 숫자의 종교 교리들을 언급할 필요까지는 없다.

하지만 물리학이 일반 세상 철학에 미치는 영향이 그렇게 부정적이거나 또는 단순히 파괴적인 역할에 한정된 것은 아니다. 긍정적인 측면에서 물리학이 공헌한 바는 이보다 훨씬 더 중요하다. 이것은 형식과 내용 모두에 있어서 다 그렇다. 물리학적 방법은 주로 그 정확성 때문에 매우 결실 있는 것으로 판명됐으며, 또한 이 때문에 엄격히 꼭 과학적이 아닌 연구를 위해서도 하나의 모형(Model)을 제공해 왔다는 것은 일반적으로 알려진 바다. 한편, 내용에서는 모든 학문이 그 뿌리를 삶에 두고 있고, 비슷하게 물리학도 이를 연구하는 사람으로부터 완전히 분리될 수는 결코 없다는 점이 언급되어야 한다.

모든 연구자는 궁극적으로 지성적인 특성과 윤리적인 특성 등을 두루 갖춘 하나의 인격체이다. 그러므로 연구자의 일반 철학은 항상 그의 학문적 연구에 어떤 영향을 주는 반면에, 그의 연구 결과는 역으로 그의 일반 철학에 어떤 영향을 미치지 않을 수 없게 된다. 물리학과 관련지어 이러한 것을 세부적으로 설명해 보는 것이 이 장의 주요 목표이다.

일반적인 고려 사항에서 시작해 보자. 주어진 자료를 어떤 학문적인 방법으로 취급할 때는 다루고 있는 자료에 어떤 순서를 부여하는 것이 요구된다. 순서 및 비교법의 도입은 현존하는 문제와 꾸준히 늘어나게 될 문제들을 이해하는 데 필수적이며, 또한 문제에 대한 이해를 얻는다는 것은 문제를 체계화하여 이를 탐구하는 데 핵심이 된다. 하지만 순서는 분류를 필요로 하는 입각하여 분류해야 하는 문제에 직면하게 된다. 그렇게 되면 무엇을 이 원칙으로 삼을 것인가 하는 의문이 생긴다. 이 원칙의 발견은 그 학문의 발전에 있어서 첫 단계일 뿐만 아니라, 광범위한 경험에서 알 수 있듯이 흔히 결정적인 단계가 된다.

여기서 언급해 두어야 할 중요한 것은 모든 목적에 적합한 분류를 가능토록 해주는 선험적인 원칙은 결코 없다는 점이다. 이것은 모든 학문에 동등하게 적용된다. 이러한 면에서 무슨 학문이든지 어떠한 임의의 가정과도 무관하게 필연적으로 오직 그 고유의 본성만으로 부터 파생되는 골격을 갖춘다는 것은 불가능하다. 이 사실을 명확히 파악해야 한다는 것은 중요하다. 이는 근본적으로 의미심장한 것인데, 그 이유는 그것이 어떤 학문 지식에 있어서 어느 원칙에 따라 그 연구를 수행해야 할 것인가를 결정하는 일이야말로 필수적이라는 것을 증명하기 때문이다. 그러한 결정이 단순히 실험적 고찰만으로 이루어질 수는 없다. 가치에 대한 문제도 역시 그 역할을 한다.

모든 과학 중에서도 가장 발달하고 정밀한 것인 수학에서 간단한, 예를 하나 들어보자. 수학은 숫자들의 크기를 다룬다. 모든 숫자를 조사해 보기 위한 분명한 방법은 그들을 크기에 따라 분류하는 것일 것이다. 이 경우에 어떤 두 숫자 사이의 차이가 작을수록 이에 비례하여 그것들은 서로 밀접해진다. 크기에 있어서 사실상 같은 두 숫자를 취해 보자. 하나는 $\sqrt{2}$ 이고, 다른 하나는 1.41421356237이다. 앞의 숫자는 뒤에 있는 것보다 10억분의 몇 정도 크지만, 물리학이나 천문학의 숫자 계산에서는 이 두 숫자가 완전히 동일한 것으로 취급될 수 있다. 그러나 숫자들의 크기에 따라서가 아니라 그 출처에 따라 숫자들을 분류하게 되면, 이 두 숫자 사이의 본질적인 차이가 곧 발생한다. 소수는 유리수이며 두 정수 사이의 비(比)로 나타내어질 수가 있는 반면에, 제곱근(Square Root)은 무리수이고 두 정수의 비로 나타내어질 수가 없다. 이제 만약 '이 두 숫자가 서로 밀접하게 연관되어 있느냐 아니냐'하는 질문이 주어진다면, 질문이 이런 식으로 표현되는 한 그것에 대한 어떠한 논쟁도 그저 두 사람이 마주 앉아 어느 쪽이 오른쪽이고 어느 쪽이 왼쪽인가를 따지는 논쟁 이상의 의미를 가질 수 없다.

이런 단순한 예를 든 이유는, 개중에는 극도로 신랄하기마저 한 많은 열거함에 있어 명확한 언급도 없이 각기 다른 분류 원칙을 사용하고 있었다는 사실에서 비롯된다는 것을 필자는 확신하기 때문이다. 모든 형태의 분류는 변덕의 어떤 요소, 그러니까 일방성의 어떤 요소가 개입되면 필연적으로 그 가치가 떨어진다. 분류 원칙의 선택이 자연 과학에서는 더욱 중요하다. 한 예로서 식물학을 들 수 있겠다. 어떤 필수적인 명명법에 의해 모든 식물이 종, 속, 과…… 등에 따라 나누어져야 한다고 하자. 하지만 다른 분류 원칙이 채택되면 다른 체계가 파생된다. 식물학의 역사상 종종 이들 체계 사이에 격렬한 논쟁이 있었는데, 이들은 각기 주관적인 편견에 의해 영향을 받기 때문에 이들 중 어느 것도 절대적으로 확실하다고 할 수가 없다. 현재 일반적으로 사용되는 식물의 자연 분류는 비록 예전의 인위 분류보다는 우수한 것이지만, 최종적이라든가 또는 모든 면에서 세부적으로 명확하게 결정된 그러한 것은 아니며, 가장 합당한 분류 원칙의 문제에 관한 연구를 주도하는 사람들이 갖는 각기 다른 마음가짐에 상응되는 어떤 변동에 의해 좌우된다. 하지만 과학 이외의 연구, 특히 역사학에서는 어떤 분류와 이에 붙어 다니는 변덕의 도입에 대한 필요성이 가장 현저하고 중요하다. 역사의 분류가 수직적이든 수평적이든, 또는 역사의 배열이 정치학적, 인종학적, 언어학적, 사회학적 또는 경제학적 원칙들 중 그 어느 것에 의거하였든 구분 짓기의 필요성은 끊임없이 일고 있는데, 어떤 종류의 분류나 필연적으로 동족 실체들을 나누어 놓으며 밀접하게 연관된 줄질들을 갈라놓게 된다는 단순한 이유로 이 구분 짓기는 엄밀히 고려해 보면 유동적이고 부정확해 보인다. 그러므로 모든 학문은 바로 그 구조에 있어서 변덕의 한 요소, 그러니까 일시성의 한 요소를 갖게 되고, 이는 그 뿌리가 학문의 본질에 있기 때문에 근절될 수가 없는 하나의 결점이 된다.

물리학으로 돌아가서, 이제 우리는 우리가 공부할 사건들을 다양한 집단으로 분류하는 일에 직면하게 된다. 이 정도는 기초적인 요구 사항이다. 모든 물리적 경험은 우리들의 지각에 근거를 두고 있음므로, 이에 따라 최초의 명확한 분류 체계는 우리의 감각에 따랐었다. 물리학은 역학, 음향학, 광학, 그리고 열학 등으로 분류되었다. 하지만 시간이 지남에 따라 이들 다양한 분야들 사이에는 서로 밀접한 관련이 있음을 알게 되었다. 또한, 예를 들어 발성체로부터 나오는 소리를 귀와는 동떨어진 문제로 다룬다거나 발광체로부터 나오는 빛을 눈과는 별도로 취급

하는 등과 같이, 만약 감각을 무시하고 감각 밖의 사건들 만에
주의를 집중시키게 되면, 우리가 정확한 물리 법칙을 세우는 일
이 훨씬 더 쉬워진다는 것도 알게 되었다. 이것은 물리학의 색
다른 분류를 가져오게 되었는데, 이 원칙에 따라, 뜨거운 난로
에서 나오는 열선은 이제 열 부문이 아니라 이들이 마치 광파
처럼 취급되는 광학 부문으로 넘겨졌다. 설사 지각은 무시되었
다고 할지라도 이러한 재배열은 분명히 편견과 독단을 담고 있
다. 감각의 탁월성을 항상 고집했던 괴테(Goethe)가 만약 살아
있었다면 이러한 재배열 때문에 경악을 금치 못했을 것이다. 왜
냐하면, 그는 항상 전체로서의 사건에 관심을 쏟았고 또한 직감
의 우월성을 고집했으며, 따라서 시각 기관을 광원으로부터 구
분한다는 것에 절대 동의하지 않았을 것이기 때문이다.

　　"만약 우리의 눈이 태양의 속성을 갖지 않는다면
　　　우리가 어떻게 빛을 볼 수 있겠는가?"

　만약 괴테가 한 세기쯤 늦게 태어났더라면, 비록 전기의 발
명이 그가 그토록 강력하게 반박했던 특수 물리 이론에 의해
가능해졌지만, 아마 그의 책상 위의 전깃불을 마다하지는 않았
을 것이다.

　괴테나 그의 위대한 적수인 뉴턴이나 그들이 살아 있는 동안
은, 이러한 성공적인 이론도 꾸준히 발전되면 결국 반대편의
일방성에 굴복하는 운명이 되는 것은 아닌가에 대해 생각하지
는 못했다. 하지만 여기서 멈추고, 이제 물리학의 계속되는 발
전에 대한 서술로 눈을 돌려 본다.

일단 특정한 지각이 물리학의 기본 개념에서 제외가 되면, 그 감각 기관을 적절한 측정 장치로 대치하는 것이 논리적인 절차다. 눈은 사진 필름에, 귀는 진동 막에, 그리고 피부는 온도계에 그 역할을 양보했다. 더 나아가 자동 기록 장치의 도입은 오차의 주된 요인들을 제거했다. 그러나 이러한 발전의 핵심적인 특성이 꾸준히 개선되는 민감도와 정밀도를 가진 새로운 측정 장비들의 도입에 있었던 것은 아니다. 요점은 측정이 물리 사건의 속성에 대한 즉각적인 정보를 줌으로써, 이로부터 사건의 기초가 되었다는 점이다. 하나의 물리 측정이 이루어질 때마다, 완전히 독립적으로 일어나는 객관적이고 실제적인 사건과 그 사건에 의해 유발되어 이를 지각할 수 있게 해주는 측정 절차 사이의 구분이 위의 가정에 따라 반드시 이루어져야 한다. 물리학은 실제 사건들을 다루며, 이러한 사건들을 지배하는 법칙들의 발견을 그 목표로 한다.

자연에 대한 이러한 연구 방법은 과거에 고전 물리학에 의해 얻어진 많은 결과로 인해 정당화되었다. 왜냐하면, 고전 물리학은 위의 관점이 시사하는 방법들을 따랐고, 실생활에서 응용과학 및 유사한 연구들에 적용된 결과가 모두에게 낯익고 명백하기 때문이다. 따라서 설명이 불필요하다.

이러한 성공에 고무되어 물리학자들은 이미 들어선 길을 계속 나아갔다. 그들은 계속하여 분해와 결합(*divide et impera*)의 법익을 적용했다. 실제 사건들이 측정 장비로부터 분리되고 난 뒤 물체들은 분자들로, 분자들은 다시 원자들로, 원자들은 또다시 양성자와 전자들로 쪼개어졌다. 어느 곳에서나 정확한 법칙들이 추구되고 또한 발견되었다. 작게 쪼개어 가는 과정이 계속됨에 따라 법칙들도 더욱더 간단한 모양을 취했고, 물리적 대우주(Macrocosm)의 법칙들이 소우주(Microcosm)에 유효한 시·공간 미분 방정식들로 환원될 수 있다는 가정을 못 할 이유가 없어 보였다. 그렇게 되면 이러한 방정식들로부터 임의로 주어진 자연의 초기 상태에 대해 순환되는 변화를 얻게 되고, 따라서 이 상태들을 모든 미래 시간에 대해 적분함으로써 우주의 조화로움 때문에 만족스러웠던 만큼이나 포괄적인, 우주에 관한 물리 법칙의 관점을 얻게 될 것이다.

금세기에 들어서서 정교성의 발달과 가용한 측정 방법의 증가로 인해, 처음에는 열복사 분야에서, 후에는 광선 분야에서, 그리고 마지막에는 전기 역학 분야에서 앞서 기술한 고전 이론이 넘을 수 없는 벽에 직면하게 됨을 보였을 때, 그 경악스러움은 가히 치명적이었고 불쾌한 것이었다. 하나의 예를 들어보는 것이 제일 좋을 것 같다. 전자(Electron)의 운동을 계산하려면, 고전 물리는 반드시 전자의 상태가 알려져 있고 이 상태는 전자의 위치와 속도를 포함하고 있다고 가정을 해야 한다. 지금 알려져 있기로는 어떤 방법을 써도 전자의 위치와 속도가 동시에 정확하게 측정될 수는 없다. 더 나아가, 속도의 부정확도는 위치의 부정확 도에 반비례하며 그 반대도 성립하는데, 이 현상은 플랑크 양자의 크기에 의해 정확하게 정의된 한 법칙의 지배를 받는다. 전자의 위치를 정확히 알면 전자의 속도를 알 수 없게 되며, 그 역도 성립한다.

　이러한 상황에서 고전 물리학의 미분 방정식은 그 본질적인 중요성을 잃게 되고, 현재로서는 실제 물리 과정에 기초한 법칙들을 자세히 발견해 내는 과제는 해결될 수 없는 것으로 취급되어야 한다. 그러나 그러한 법칙들이 존재하지 않는다고 추론하는 것은 물론 옳지 않다. 오히려 어떤 법칙을 발견하는 데 실패했다는 것은 문제를 부적절하게 체계화했고, 그 결과로서 문제 선정이 부정확했다는 탓으로 돌려져야 한다. 문제는 이제 어디에 잘못이 있고 이를 어떻게 제거하느냐이다.

　먼저 강조되어야 할 것은, 지금까지 이론 물리학에 의해 이루어진 모든 것들이 부정확하다고 간주하여야 하므로 배척되어야 한다는 방식으로 이론 물리학의 몰락을 이야기하는 것은 옳지 않다는 점이다. 고전 물리학이 이룬 성공들은 그러한 급격한 몰락을 인정하기에는 너무나 중요하다. 진상은 새로운 골격이 세워져야 한다는 것이 아니라, 옛 이론이 확장되고 다듬어져야 한다는 것이며, 이는 특히 미시 물리학에서 사실이다. 비교적 큰 물체 및 시간 간격을 다루는 거시 물리학 분야에서는 고전 물리학이 항상 그 중요성을 유지할 것이다. 그러면 명백하게 잘못은 이론의 기본에 있는 것이 아니라, 이론을 세우는 데 쓰인 가정들 가운데 실패한 원인이 반드시 존재한다는 사실에 있으며, 이를 제거해야만 장차 이론의 확장이 가능해질 것이다.

　실제 사실들을 고려해 보자. 이론 물리학은 우리의 감각과는 무관한 실제 사건들이 존재한다는 가정에 기초를 둔다. 이러한

18

가정은 모든 상황에서 유지되어야 하며, 심지어 실증주의 (Positivism)[1] 성향의 물리학자들까지도 이를 이용한다. 비록 이 학파가 감각의 우월성을 물리학의 유일한 토대라고 주장한다고 할지라도, 그들이 불합리한 유아론(또는 독아론 : Solipsism)[2] 으로부터 벗어나려면, 감각의 개별적인 기만과 환각 같은 일들이 있을 수 있다는 가정을 해야만 한다.

이런 일들은 오직 물리학적 관측이 의지대로 재생될 수 있다는 가정에 의해서만 제거될 수가 있다. 하지만 이것은 선험적으로 명백하지 않은 것 즉, 감각 자료들 사이의 함수 관계는 관측자의 개성이나 관측 시간, 관측 장소 등에 무관한 어떤 요소들을 포함하고 있다는 것을 암시한다. 우리가 물리 사건의 실제 부분이라고 하면서 그 법칙의 발견을 시도하는 대상이 바로 이러한 요소들이다.

위에서 우리는 고전 물리학이 실제 사건들의 존재를 가정했던 것 이외에도 더 나아가, 실제 사건들을 지배하는 법칙들에 대한 완전한 이해 획득의 가능성과 이러한 이해 획득을 개선하는 방법, 그리고 시간과 공간을 무한히 작게 쪼갤 수 있다는 것 등을 가정해 왔다는 것을 보았다. 더 자세히 고려해 보면 이러한 가정은 크게 수정되어야 한다. 그 이유는, 이러한 가정

---

1) 원래 콩트(Comte)의 실증 철학에서 유래. 모든 초월적 사고를 배격하며 인식을 경험적 사실에 한정시키는 주의

2) 라틴어의 solus(단 한 사람의)와 ipse(자신)에서 온 말. 참으로 존재하는 것은 자아와 그의 의식뿐이며, 그 외의 세계는 객관적으로 존재하지 않고 그의 의식의 소산에 불과하다는 입장론

이 예를 들어 실제 사건이 그것을 측정하는 데 사용되는 사건과 분리될 때만 그것을 지배하는 법칙들이 완전히 이해될 수 있다는 결론을 유도하기 때문이다. 그러나 분명히 오직 측정 과정과 실제 사건 사이에 일종의 인과 관계가 있을 때만 측정 과정이 우리에게 실제 사건에 대한 것을 알려 줄 수가 있다. 그러한 관계가 존재한다면, 측정 과정은 사건에 어느 정도 영향을 주고 또한 교란을 일으킬 것이며, 그 결과로서 측정 결과가 위조된다. 이러한 위조와 결과적인 오차는 실제 물체와 측정 장치 사이의 인관관계의 밀접성과 민감성에 비례하여 커진다. 그것을 줄이려면 인과 관계를 완화함으로써, 또는 달리 표현하여 물체와 측정 장치 사이의 인과 거리(Causal Distance)를 증가시킴으로써 가능해질 것이다. 교란을 한꺼번에 제거하는 일은 전혀 불가능하다. 그 이유는, 만약 인과 거리가 무한대로 가정된다면, 즉 물체를 측정 장치로부터 완전히 분리한다면 우리는 실제 사건에 대해 아무것도 모르게 되기 때문이다. 이제 원자(Atom)에 있는 전자에 대해 측정한다고 하면, 이는 극도로 정교하고 민감한 방법이 필요하게 되고 따라서 밀접한 인과 관계를 의미한다. 그러므로 전자의 위치를 정확히 결정한다는 것은 전자의 운동을 상대적으로 강렬하게 간섭한다는 것을 의미한다. 역으로, 전자의 정확한 속도 결정은 상대적으로 긴 시간을 필요로 한다. 첫째 경우에는 전자 속도의 교란이 일어나고, 둘째 경우에는 전자의 공간 위치가 불명확해진다. 이것이 앞서 기술한 불확정성에 대한 인과적 해석이다.

이러한 고려 사항들이 나타날 수 있다는 것은 설득력은 있지만, 그것들이 문제의 핵심에 이르는 것은 아니다. 물리 사건이 측정 장치에 의해 교란을 받는다는 사실은 고전 물리에서도 흔하다. 또한 전자를 취급할 때 측정 방법을 훨씬 개선하면 궁극적으로 그 교란의 정도를 미리 계산할 수 있을 것 같은데, 그렇지 못한 이유가 무엇인지 처음에는 분명하지가 않다. 따라서 우리가 소우주에서 고전 물리의 실패를 이해하고자 한다면 좀 더 깊은 조사가 필요하다.

이 문제에 대한 연구는 양자 역할 또는 파동 역학의 확립으로 인해 주목할 만큼 진행되었는데, 관측 가능한 원자 과정이 이들 역학의 방정식들로부터 미리 계산될 수가 있다. 만약 규칙들이 관측된다면 그러한 계산의 결과는 경험과 정확히 일치한다. 고전 역학과는 달리 사실 양자 역학은 주어진 시간에 전자가 어느 위치에 있을 것인가를 알려 주지는 않는다. 양자 역학은 주어진 시간에 전자가 어떤 위치에 있을 확률이 얼마인가를 기술한다. 또는 양자택일의 표현으로서, 만약 전자의 전체 숫자가 주어졌다면 양자 역학은 주어진 시간, 주어진 장소에 존재할 전자의 수를 이야기해 준다.

이것은 순수 통계학적 성질에 관한 법칙이다. 이 법칙이 지금까지 이루어진 모든 측정에 의해 확인되었다는 사실과 더 나아가 불확정성 관계와 같은 것이 존재한다는 사실 등은 일부 물리학자들이 통계 법칙만이 물리 법칙의 유효한 기초가 되며(특히, 원자 물리학 분야에서는), 개별적 사건들의 인과 관계에 대한 어떠한 문제도 물리적으로 무의미하다고 주장하도록 유도했다.

이는 우리에게 '물리학의 임무가 무엇이며 그 업적은 무엇인가?' 하는 본질적인 질문을 던져 주게 되어, 우리는 여기서 그 토론의 가치가 특별히 중요한 하나의 논점에 이른다. 만약 물리학의 목표가 자연의 실제 사건들 사이의 관계를 지배하는 법칙들의 발견에 있는 것으로 되어 있다면, 인과유도 물리학의 한 부분이 되며, 따라서 이를 의도적으로 제거하는 것은 반드시 어떤 의혹을 불러일으키게 된다.

먼저, 통계 법칙의 타당성이 엄격한 인과율에 전혀 모순되지 않는다는 것을 알아야 한다. 고전 물리에서 그 예를 많이 찾을 수 있다. 우리는 기체 용기 벽의 기체 압력이 모든 방향으로 이동하는 기체 분자들의 불규칙한 충돌 때문에 생긴다고 설명할 수 있다. 그러나 이러한 설명은, 기체 분자 사이의 충돌이나 기체와 벽 사이의 충돌이 법칙에 따르고 따라서 인과적으로 결정된다고 받아들이는 것에 모순이 되지는 않는다. 오직 우리가 사건의 전반적인 과정을 예측할 수 있는 위치에 있을 때만 완벽한 인과율을 명확히 증명할 수 있는 것으로 간주하는 데에는 반론이 제기될 수 있다. 또한, 덧붙일 수 있는 것은, 어느 누구도 어느 한 분자의 운동을 확인할 수가 없다는 점이다. 이에 대해 우리는 어떠한 자연 사건에 대해서도 철저히 정확한 예측이 전혀 불가능하여 인과율의 타당성을 하나의 직접적이고 정밀한 실험으로 증명할 수는 결코 없다고 대응할 수 있다. 그 이유는, 모든 측정은 그것이 아무리 정확한 것이라고 할지라도 필연적으로 관측 오차를 포함하기 때문이다. 하지만, 그런데도 개개의 관측 오차뿐만 아니라 측정 결과는 한정된 원인에서 비롯된다. 해변에서 부서지는 파도를 바라볼 때, 비록 우리가 물거품을 따라 오르내린다거나 더욱이 이의 움직임을 미리 계산하는 것을 기대할 수는 없을지라도, 우리는 모든 물거품의 움직임이 철저한 인과율에 의한다고 확신할 권리를 갖는다.

불확정성 관계가 제시된 것은 이즈음이다. 고전 물리학이 유행하던 동안은 측정의 정확성을 적절히 개선함으로써 필연적인 오차들을 어떤 정해진 한계 이내로 줄일 수 있다는 기대를 할수가 있었다. 이러한 희망은 플랑크의 양자는 도달 가능한 정확도의 고정된 객관적 한계를 의미하기 때문인데, 그 한계 내에서는 아무런 인과율이 존재하지 않고 오직 불확정성과 우연성만이 존재한다.

우리는 이미 이러한 반론에 대한 응답을 준비해 왔다. 원자물리학의 측정이 부정확한 이유가 반드시 인과율의 실패에서 찾아져야 할 필요는 없다. 이는 틀린 개념의 체계화에 따라서 이와 똑같이 부적절한 문제에 있을 수 있다.

우리가 불확정성의 관계를 적어도 어느 정도까지는 이해할 수 있게 해준 것은 바로 측정과 실제 사건 사이의 상호 영향이다. 이러한 관점에 따르면, 마치 우리가 전자 색깔의 파장보다 크기가 작은 천연색 사진을 볼 수는 없듯이, 우리는 각개 전자의 운동을 직접 추적할 수는 없다.

사실 우리는 장비의 개선을 통하여 물리 측정의 부정확 도를 무한정 감소시키는 것이 결국 가능해질지도 모른다는 희망을 의미 없는 것으로 간주하여 이를 배척해야 한다. 게다가 플랑크의 양자와 같은 객관적 한계의 존재는 통계학과는 전혀 무관한 어떤 고결한 법칙이 작용 중에 있다는 확실한 암시를 준다. 플랑크의 양자처럼 다른 모든 기본 상수들, 예를 들어 전자의 전하량 및 질량 등도 명확한 실제 크기를 갖는다. 인과율을 부정하는 사람들이 일관성의 유지를 위해 그렇게 할수 밖에 없을지는 모르지만, 어떤 본질적인 부정확성을 이들 보편 상수의 탓으로 돌리려는 것은 전적으로 어리석어 보인다.

만약 우리가 장비 자체가 원자들로 되어 있고 어떠한 측정 장치의 정확도도 그 고유의 민감도에 의해 제한된다는 것을 고려한다면, 원자 물리학에서 측정의 부정확성에 대한 한계가 존재한다는 사실을 이해하기가 훨씬 쉬워진다. 계량대(Weigh Bridge)로써 밀리그램의 단위까지를 잴 수는 없다.

만약 지금 우리가 가질 수 있는 최선의 것이 고작 계량대뿐이고 더 이상의 정확도를 얻게 될 희망은 없다고 할 때, 우리가 할 수 있는 일은 무엇인가? 직접적인 측정에 의해 풀릴 수 없는 일에 매달리기보다는 차라리 정확한 무게를 획득할 희망을 버리고, 밀리그램까지의 무게를 따진다는 것은 무의미하다고 주장해 버리는 것이 더 낫지 않을까? 이러한 논의는 이론의 중요성을 과소평가하고 있다. 이론은 우리가 선험적으로 예견될 수 없는 방법으로 직접적인 실험을 초월하게끔 해주기 때문이다. 또한 이론은 우리에게 실제 장비들의 결합과는 전혀 무관한 이른바 지적 실험(Intellectual Experiment)이라는 수단을 준다.

지적 실험은 오직 그것이 측정에 의해 대조될 수 있을 때만 의미가 있다고 주장하는 것은 매우 불합리하다. 왜냐하면, 만약 그것이 사실이라면 어떠한 정확한 기하학적인 증명도 있을 수 없기 때문이다. 종이 위에 그려진 선은 실제로 선이 아니라 다소의 폭을 가진 좁은 띠(Strip)이며, 점도 또한 다소의 넓이를 가진 지역(Spot)이다. 하지만 기하학적인 구성을 통해 정밀한 증명을 얻을 수 있다는 데 대해 아무도 의아해하지 않는다.

지적 실험은 연구자의 마음을 세상으로부터 그리고 실질적 실험 장치에서 벗어날 수 있게 해준다. 또한 연구자가 대조되는 경우에는, 심지어 직접적인 측정을 받아들이지 않는 어떤 새로운 법칙들마저 이해가 가능토록 하는 문제들을 체계화 할 수 있게 해준다. 지적 실험은 어떤 정확도의 한계 따위에 얽매이지 않는데, 그 이유는 인간의 사고가 원자나 전자보다는 더 정교하기 때문이다. 또한 거기에는 측정되는 사건이 측정 장치에 의해 영향을 받을 위험도 전혀 없다. 지적 실험이 성공하기 위해서는 오직 한 가지 조건이 필요한데, 그것은 관측되는 사건들 사이의 관계를 지배하는 자체 모순이 전혀 없는 법칙의 존재를 인정하는 것이다. 우리는 존재할 수 없다고 가정된 것의 찾기를 기대할 수 없다.

분명히 지적 실험은 하나의 추상적 개념이다. 하지만 추상적 개념은 실험자나 이론가에게는 추상적인 가정만큼이나 필수적이다. 자연에서 하나의 사건이 일어나는 것을 관측할 때마다 우리는 반드시 관측자에 무관하게 무엇인가가 벌어지고 있다는 가정을 해야 한다. 역으로, 사건의 세부적인 것을 더욱 완전히 이해하기 위해서 우리는 우리의 감각의 결점이나 측정 방법의 결함을 최대한으로 제거하도록 노력해야 한다. 두 추상적인 개념 사이에는 일종의 대립이 존재한다. 실제 외계는 객체지만 이를 응시하는 관념적 영혼은 주체이다. 이들 중 어느 것도 논리적으로 증명될 수 없으며, 따라서 만약 이들의 존재가 부인된다면 어떠한 귀류법(*reductio ad absurdum*)[1]도 불가능하다.

　물리학의 역사는 이들이 물리학의 발전 과정에서 결정적인 역할을 해 왔다는 것을 입증해 준다. 케플러, 뉴턴, 라이프니츠, 패러데이 등과 같은 가장 정선되고 창의력이 뛰어난 사람들은 외계의 실재 및 외계 안팎의 고결한 이성률에 대한 신념에 의해 고무되었다.

　물리학에서 가장 중요한 관념들은 이러한 이중의 근원을 가지고 있다는 것을 결코 잊어서는 안 된다. 이러한 관념들이 처음에 취하는 형태는 개개인 과학자들의 특유한 상상에 의존하지만, 시간이 흐르면 이것들은 더 명확하고 독립적인 형태를 가정하게 된다. 공연히 헛수고만 끼친 착오적인 관념들이 물리학에서 항상 많이 있었다는 것은 사실이다. 그렇지만, 처음에는 무의미하다는 날카로운 비판에 의해 버려졌다가 궁극적으로 가장 중요한 의미를 포함하고 있는 것으로 인정된 문제들도 많다. 50년 전의 실증주의 물리학자들은 원자 무게의 측정을 연

---

1) 간접 증명법 또는 배리법. 어떤 명제가 참이 아니라고 가정할 때 그 모순으로부터 도출되는 결론이 불합리하다는 것을 분명히 함으로써 그 명제가 참이라는 것을 입증하는 논증법

구하는 일은 무의미한 것, 즉, 과학적 논법을 수용하지 않는 가공의 문제라고 생각했다. 계량대로써 밀리그램 단위를 측정할 수 없듯이 비록 우리의 가장 정교한 저울로도 원자의 무게를 측정할 수는 없지만, 오늘날 원자의 무게는 유효 숫자 넷째 자리까지도 언급될 수 있다. 그러므로 우리는 해답이 당장 명확지 않은 문제라고 해서 의미가 없는 것이라는 주장을 하지 않도록 경계해야 한다. 물리학에서 어떤 주어진 문제에 의미가 있느냐 없느냐를 선험적으로 결정하는 기준은 없는데, 이것이 실증론 자들에 의해 종종 간과되는 논점이다. 문제를 정확히 판단하는 유일한 방법은 그것이 이끄는 결론을 시험하는 데 있다. 물리학에 적용 가능한 정확한 법칙들이 존재한다는 가정은 이제 본질적으로 매우 중요하여, 우리는 그러함 법칙들이 원자 물리학에 적용 가능 하느냐의 문제는 의미 없다는 단언에 앞서 반드시 신중해야 한다. 오히려 우리의 첫째 노력은 이 분야에서 그러한 법칙들이 적용 가능한가에 대한 문제를 규명해 내는 것이 되어야 한다.

우리의 첫 단계는, 측정 장치에서 생기는 교란과 이 장치의 부적합한 정확도가 모두 인과율의 문제 실패를 규명하는 데 불충분하다고 할 때, 고전 물리학이 인과율의 문제에 있어서 왜 실패하는가에 대한 의문을 품는 것이다. 솔직히 우리는 고전 물리학의 기본 개념들이 입자 물리학에서는 적용되지 않는다고 하는, 분명기는 하지만 조급한 가정을 택하지 않을 수 없다.

고전 물리학은 그 법칙들이 무한대로 작은 데서 가장 명쾌하게 밝혀진다는 가정에 기초하는데, 그 이유는, 고전 물리학은 우주 어느 곳에서든 물리적 사건의 과정이 철저히 그곳과 그 주변에 걸쳐 있는 상태에 의해 결정된다고 가정하기 때문이다. 그러므로 위치, 속도, 전기장 및 자기장의 강도 등과 같이, 물리적 사건의 상태와 관련된 물리량들은 순전히 하나의 국소적인 특성이며, 이들의 관계를 지배하는 법칙들은 이 크기들 사이의 시·공간 미분 방정식에 의해 완전하게 표시될 수가 있다. 그러나 명백히 이것은 원자 물리학을 충족시키지 못하며, 그리하여 위의 개념들은 더 완전한 또는 더 보편적인 것들이 되도록 만들어져야 한다. 하지만 어느 방향으로 이런 일이 행해져야 하는가? 시·공간 미분 방정식은 물리 체계 안의 사건들의 내용을 전부 소화하기에는 불충분하고, 또한 초기 조건들이 반드시 고려되어야 한다는 점을 인정하는 데서 아마 어떤 암시를 발견할 수 있을 것 같다. 이것은 심지어 파동 역학에도 적용된다. 이제 초기 조건의 영역은 항상 유한하며, 인과관계에서 그것의 직접적인 간섭은 인과율을 바라보는 새로운 방식이자 여태까지 고전 물리학에서는 낯선 것이 되었다.

이 방향으로의 진행이 가능한가와 얼마나 멀리 갈 수 있을 것인가에 대해서는 미래가 밝혀 줄 것이다. 그러나 미래가 어떠한 결과들을 드러낼지라도, 인간의 지능이 이상적 영혼의 영역 속에는 결코 이를 수 없는 것처럼 미래도 결코 우리가 실제 우주를 통틀어서 이해할 수 있도록 해주지는 않을 것이 뻔하다. 이러한 결과들은 항상 추상적인 개념들로 남게 될 것이며, 그것들은 바로 그 정의에 의해 현실성 밖에 자리한다. 그러나 우리가 이처럼 도달하기 힘든 목표를 향해 방해받지 않고 꾸준히 전진할 수 있다고 믿는 것을 가로 막는 것은 없으며, 또한 일단 그것이 가망 있는 방향이라고 인식되면 지속적인 자기 교정과 자기 개선으로써 쉬지 않고 그 쪽으로 연구해 가는 것이 바로 과학의 임무이다. 이러한 진행은 실제적인 것이며, 목표 없이 우왕좌왕하는 것은 아닐 것이다. 이것은 우리가 매번 새로운 단계에 이를 때마다 그 전의 모든 단계를 조사할 수 있게 되지만, 아직 미치지 않고 남아 있는 단계들은 여전히 모호한 채로 있다는 사실에서 증명된다. 이는 마치 더 높은 고도를 오르려고 하는 등반가가 계속되는 등반을 위한 지식을 얻으려고 그가 올라 온 거리를 내려다보는 것과 같다. 과학자는 그가 성취한 것에 안주하는 데서가 아니라 꾸준하게 새로운 지식을 얻어 나간다는 데서 행복을 느낀다.

우리는 지금까지 자신을 물리학에 국한해 왔다. 하지만 지금까지 언급된 것들은 더 널리 적용된다고 볼 수 있다. 자연 과학과 인문 과학이 엄격히 분리될 수는 없다. 이들은 서로 연결된 하나의 체계를 형성하며, 만약 어느 한 부분이라도 맞 닿으면 그 효과는 전체의 모든 가지로 퍼져 나가서 전체가 곧 움직이기 시작한다. 물리학에 하나의 확고부동한 법칙이 존재한다는 가정은, 만약 같은 사항이 생물학과 심리학에서 사실이 아니라면, 불합리할 것이다.

우리는 아마 여기서 자유 의지를 다룰 수 있겠다. 궁극적으로 가장 직접적인 인식원인 우리의 의식은 우리가 자유 의지가

지고(至高)한 것이라는 확신을 하게 해준다. 그렇지만 우리는 인간의 의지가 인과적으로 결정되는가 아닌가에 대한 의문을 품지 않을 수 없게 된다. 질문이 이런 방식으로 설정되면, 이는 우리가 종종 보이려고 했던 것처럼, 망상적인—문자 그대로 아무런 정확한 의미가 없음을 뜻하는—것으로 기술해온 종류의 문제에 대한 한 좋은 예가 된다. 현재로서의 명백한 고충은 문제를 부적절하게 체계화하는 데서 생긴다. 실제적인 진상은 다음과 같이 간단히 언급될 수 있다. 이상적이고 종합적인 영혼의 관점에서 보면, 인간의 의지도 모든 물질적 및 정신적 사건들처럼 완전히 인과적으로 결정된다. 그러나 주관적인 견지에서 보면, 의지는 그것이 미래 지향적인 한 인과적으로 결정되지 않는데, 그 이유는 주체의 의지 인식 자체가 의지에 인과적인 영향을 주게 되어 확고한 인과 관계에 대한 어떤 확실할 인식도 전혀 불가능해지기 때문이다. 다시 말해서, 밖에서 보면(객관적) 의지는 인과적으로 결정되고, 안에서 보면(주관적) 의지는 자유롭다고 할 수 있다. 앞에 언급한 오른쪽이냐 왼쪽이냐에 관한 논의에서와같이 여기에도 아무런 모순이 없다. 이에 동의하지 않는 사람들은 주체의 의지가 결코 그 인식에 완전하게 종속되지 않으며 실제로 항상 최종적인 결정을 한다는 사실을 간과하거나 또는 잊고 있을 것이다.

따라서, 우리는 원칙적으로 우리의 행위를 순전히 인과적인 선들을 따라 유도함으로써 즉, 순전히 과학적 인식의 방법으로써 동기를 미리 결정하려는 시도를 포기하지 않으면 안 된다. 다시 말해서, 어떠한 과학이나 지성도 우리가 개인 생활에서

겪게 되는 많은 문제 중 가장 중요한 것인, 어떻게 행동해야 하는가의 문제에 대해 답을 줄 수가 없다.

그리하여 윤리적 문제가 대두되기만 하면 과학은 그 기능을 잃는다는 추론이 있을 수도 있다. 그러나 이러한 추론은 옳지 않을 것이다. 앞에서 우리는, 어떤 학문의 골격을 다루거나 또는 학문의 가장 적합한 배열에 대해 논함에 있어서 인식론적 판단과 가치의 사이에는 상호 연결이 이루어지는 것을 발견했으며, 또한 어떠한 학문도 학문하는 사람의 개성에서 완전히 벗어날 수 없다는 것을 보았다. 현대 물리학도 이와 맥락을 같이 하는 명백한 암시를 보여 왔다. 현대 물리학은 우리에게 어떤 계를 부분으로 나누어 각각을 연구하는 방법으로는 그 계의 본성을 발견할 수 없다는 것을 가르쳐 주었는데, 그 이유는, 그러한 방법이 흔히 계의 중요한 특성의 손실을 의미하기 때문이다. 우리는 전체와 그리고 부분들 사이의 상호 관계에 우리의 주의를 고정햐야 한다.

우리의 지성적인 삶에서도 이치가 같다. 학문과 종교, 그리고 예술 사이에 명확한 선을 긋는 일은 불가하다. 전체는 단순하게 그 부분들의 합과 절대 같지 않다. 이는 인류에 관해서도 마찬가지다. 인류에 대한 이해를 얻기 위해 그 숫자가 아무리 크더라도 단순히 어떤 수의 사람들만을 연구한다는 것은 어리석은 일일 것이다. 왜냐하면, 각 개인은 어떤 공동체, 즉 가족이나 씨족, 국가 등에 소속되어 있으며, 그 공동체의 일원이 되어 그것에 종속되고 또한 그것으로부터 자신을 무사히 분리할 수가 없기 때문이다. 이러한 이유에서, 모든 예술과 종교처럼 모든 학문도 국가적 토대 위에서 성장해 왔다. 이러한 사실이 오랜 시간 동안 잊혔던 것은 곧 독일 민족의 비운이었다.

여기에는 전혀 새로운 것이 없으며, 또한 물리학의 도움 없이도 이러한 것이 인지될 수 있다고 말할 수 있겠다. 이는 사실이다. 그리고 결코 독보적인 것은 아니지만, 물리학의 입지는 그 출발점이 아무리 다르다고 할지라도 우리를 다른 모든 과학과 똑같은 결과와 관점으로 유도한다는 것이 우리가 보이고자 하는 모든 것이다. 우리의 논의가 더 진전되어야 물리학의 입지의 실제 위력이 보일 것이다. 왜냐하면, 오직 그때에만 마치 건강하게 자라는 나무가 비록 그 뿌리는 땅속에 단단히 내리고 있으면서도 하늘을 향해 커가며 모든 방향으로 가지를 뻗으려 하듯, 물리학이 그 직접적인 근원을 뛰어넘어 모든 방향으로 확장하려는 경향을 뚜렷이 볼 수 있기 때문이다. 만약 학문이 국가의 한계를 넘어서 확대될 수 없다거나 또는 그러려고 하지도 않는다면, 그것은 학문이라고 불릴 가치가 없다. 이 점에 있어서 물리학은 다른 부류의 학문에 비해 하나의 유리한 고지를 확보하고 있다. 자연법칙이 모든 국가에서 같다는 점에 대해 아무도 이의를 제기하지 않는다. 그래서 역사학에서 객관적 역사관이 목표해야 할 이상인지 아닌지가 실제로 문제시되고 있는 경우와는 달리, 물리학은 그 국제적 타당성의 확립을 강요받지 않는다. 윤리학도 역시 초국가적이다. 만약 그렇지 않다면 다국적 집단의 구성원들 사이에는 도덕적 관계가 존재할 수 없을 것이다. 여기 또다시 물리학이 갖는 유리한 점이 하나 있다. 물리학은 학문적으로 그것이 모순을 가져서는 안 된다는 원칙에 기초를 두는데, 이는 윤리학적 용어로 정직과 성실을 의미한다. 그리고 이러한 학문적 원칙이 덕의 가장 으뜸 되고 중요한 위치를 차지한다고 주장될 수 있다. 과장하지 않더라도, 만약 물리학에서 이러한 윤리적인 요구에 대한 위반이 발견되면 그것은 다른 어느 학문의 경우보다 빨리 그리고 더 확실하게 거부된다고 말할 수 있다.

이러한 엄격성과 일상생활에서 비슷한 실수를 되풀이하게 하는 분별 없는 부주의 사이의 차이점을 인지해 보면 다소 놀라울 것이다. 우리의 마음속에는 그리 많지는 않은 이른바 관습적인 허위가 있는데, 이것은 실제로 해롭지 않으며 일상적인 교제에서 어느 정도는 필수 불가결하다. 관습적인 허위는 그것이 관습적인 까닭에 정교하게 속이지는 않는다. 해악이 시작되는 것은 상대를 속여서 그에게 그릇된 영향을 주려는 의도가 있을 때이다. 냉혹하게 이러한 문제를 바로 잡고, 또한 따를 가치가 있는 본보기를 설정하는 일은 책임 있는 위치에 종사하는 사람들의 임무이다.

정의(正義)는 성실로부터 분리될 수가 없다. 궁극적으로 정의는 단순히 우리의 의견과 행위를 정화하는 윤리적 판단을 일관성 있게 실질적으로 적용하는 것을 의미한다. 커다란 현상에 적용되든 또는 조그만 현상에 적용되든 자연법칙은 확고부동하게 남아 있으며, 비슷하게 사람의 공공 생활도 힘 있는 사람이나 힘없는 사람 또는 가진 사람이나 못 가진 사람 할 것 없이 모두를 위한 평등한 권리를 요구한다. 만약에 법의 확실성에 대한 의혹이 일고, 법정에서 계급과 가문이 존중되며, 무방비 상태의 사람들은 자신들의 주변의 강자들에 의한 약탈로부터 더 이상 보호되지 않는다고 느끼고, 또한 법이 공공연히 이른 바 편의주의를 위해 비뚤어져 있다면, 그 국가가 잘 되어가고 있다고 할 수 없다. 민중은 법의 안전성에 대해 날카로운 감각이 있다. 그리고 그 어느 것도 프레더릭 대왕을 상슈시(Sans Souci)의 물방앗간 주인에 대한 전설보다 유명하게 만들지는 않았다. 그러한 원칙들이 독일과 프로이센(프러시아)를 위대하게 만들었으며, 우리는 그것들이 영원히 상실되지 않기를 희망한다. 그것들을 보존하여 공고히 하는 일은 모든 애국하는 사람들의 임무이다.

동시에 우리는 우리가 지향하는 목표인, 영구적으로 만족스러운 조건을 그 완벽한 형태로 얻어낸다는 것이 불가능하다는 것을 이해해야 한다. 최선의 그리고 가장 완숙한 윤리 원칙도 우리를 이상의 극치로 인도할 수는 없으며, 우리가 이상향을 찾을 수 있는 방향을 제시해 주는 것 이상의 어떤 일을 결코 할 수는 없다. 만약 이러한 사실이 무시된다면 탐구자는 모든 것에 절망하거나 윤리의 가치를 의심하게 될 위험이 있으며, 특히 행실이 정직한 사람의 경우는 쉽게 윤리를 공격하는 것으로 끝나 버리는 상태가 될 수도 있다. 윤리 철학에서 이러한 예는 많다. 일반 학문에서도 마찬가지다. 중요한 것은 영원한 소유가 아니라, 이상적인 목표를 향해 끊임없이 연구하고, 새로운 삶을 위해 시시각각으로 투쟁하며, 실패에도 불구하고 개선과 완전을 향해 노력하는 것이다.

그렇지만 우리는 본질적으로 가망이 없어도 끊임없이 투쟁해야 한다는 것이 전적으로 불만스러운 것은 아닌가에 대해 결국 의구심을 가실 수 있다. 만약 어떤 철학의 신봉자들이 자신들에게 확고하고 직접적인 안전을 제공할 어떤 정점(Fixed Point) 하나 없이 존재에 대한 끊임없는 혼란과 당혹 속에 남게 된다면, 그 철학은 도대체 무슨 의미가 있는가에 대해서도 질문이 있을 수 있다.

다행히도 이러한 질문은 긍정적인 답을 갖는다. 항상 하나의 정점이자, 우리 중 아무도 자기만의 것이라고 고집할 수 없는, 안전한 소유물이 존재한다. 그것은 사색적이고 감각적인 사람들에게 그들의 최고의 행복을 보장하는 빼앗길 수 없는 보물인데, 그 이유는 그것이 그들의 영혼의 평화를 보장하며, 또한 그리하여 영원한 가치를 갖기 때문이다. 이 소유물이 곧 순수한 마음과 건전한 의지이다. 이것들은 인생의 폭풍우 속에서도 안전한지 기반을 구축해 주고, 참으로 만족스러운 행실의 기초가 되는 근본적인 조건이며, 또한 양심의 가책으로부터의 고통에 대한 가장 좋은 안전장치이다. 이것들은 모든 참된 학문의 핵심이자 또한 모든 개인의 윤리적 가치를 측정하는 확실한 기준이다.

"항상 노력해 나아가는 사람들
그들을 우리는 도울 수 있다."

II.
자연의 인과율

II.
자연의 인과율

최근 물리학의 발전은 물리학 연구의 찬란한 성공이 가져다 주었던 더욱더 심원한 자연 지식에 대한 희망이 어떤 중요한 점들에서는 좌절될 수밖에 없다는 것을 보여 왔다. 예를 들면, 인과 법칙은 관습적인 고전의 형태로는 보편적인 응용이 불가능하다는 것이 보였는데, 그 이유는 그것을 원자 세계에 적용하는 것이 명백하게 실패했기 때문이다. 결과적으로, 과학적 연구의 의미와 중요성에 관심을 두는 모든 사람은 자연법칙의 본질적인 특성을 새로이 검사하고, 더욱 특별히 인과율의 개념을 자세히 조사하지 않을 수가 없게 되었다.

칸트가 밟았던 것과 같은 절차를 따르는 일은 더 불가능하다. 칸트는 인과 법칙이 모든 사건에 적용될 수 있는 불변율의 타당성을 표현하는 것으로 간주했고, 그리하여 인과율을 경험에 필수적인 직관의 한 형태로 취급하여 하나의 범주(Category)에 넣었다. 의심할 여지 없이, 어떤 범주들은 모든 경험에 대한 선험적인 원칙들이라는 칸트의 원리는 언제나 흔들리지 않은 채 오래 남아 있을 것이다. 하지만 이것은 우리에게 개개의 범주들의 의미에 대한 아무것도 말해 주지 않는다. 또한 칸트가 범주들로 취급했던 유클리드 기하학의 공리들이 수정 가능할 뿐만 아니라 실제로 수정이 필요한 것으로 후에 입증되었다는 사실은, 이 점에서 물리학자들을 매우 조심성 있게 만들었다. 따라서 우리는 편견 없이 절차를 밟기 위해 위험한 가정을 삼가야 하며, 또한 우리에게 인과율의 개념 도입을 허용해 주는 참으로 확실한 출발점을 추구하는 것으로써 시작해야 한다.

두 개의 연속된 사건들 사이에 인과 관계가 있다고 말할 때, 우리는 그것들을 연결하는 일종의 법칙이 있다는 것을 뜻한다. 이때 먼저 일어난 사건은 원인이 되고 나중 것은 결과가 된다. 그러면 무엇이 그것들 사이의 관계 특성인가에 대한 의문이 생긴다. 우리가 하나의 주어진 자연 사건이 다른 사건의 결과라고 말할 수 있게 해주는 어떤 기준이 존재하는가?

이러한 질문은 자연 과학 그 자체만큼이나 오래된 것이며, 이것이 계속하여 제기되고 있다는 사실은 아직 정확한 답이 발견되지 않았음을 보여 준다. 이는 불만스러운 일이지만 그럴 수밖에 없으리라 생각하면 좀 덜해진다. 먼저 인과율에 대한 정확한 정의를 내리고, 그리고서 이 정의를 자연 속의 인과 법칙의 타당성을 조사하는 기초로 사용하는 것이 가능할지도 모른다는 희망은 초기에는 단지 어리석은 것으로 기록될 수밖에 없을 것이다. 다른 모든 학문에서처럼 자연 과학에서도, 고정된 기본 개념에서 출발하고 나서 이들이 주변 세계에서 실현될 수 있는 것인가를 발견하려고 시도하는 것은 경우에 맞지 않는다.

그 반대가 옳다. 사전 준비나 정보도 없이 우리는 생의 한가운데에 태어났고, 우리가 원하든 원하지 않든 우리의 것인 이 삶을 헤쳐나가는 방법을 찾기 위해 우리는 우리의 경험에 순서를 도입하려고 한다. 이를 위해 우리는 탄생 시에 우리에게 주어진 정신적 기능을 사용하며, 이미 경험되었고 또 미래에 경험할 것 같은 사건들에 적용될 수 있는 어떤 개념들을 구성한다. 분명히 그러한 정차는 독단과 모호성을 의미한다. 모든 부류의 학문에서 수많은 사실이 이에 대한 증거를 담고 있다. 여기서 반드시 지적해야 할 것은, 심지어 가장 정확한 학문인 수학에서마저도 기본 개념의 근원과 의미에 대한 논쟁이 오늘날 그 어느 때보다도 뜨겁다는 점이다. 만약 수학에서도 그러하다면, 인과율의 개념이 모든 시대, 모든 문명의 관심을 끄는 방식으로 자연에 적용된다고 쉽게 정의하는 일은 거의 기대할 수가 없다.

그렇다고 해도, 생각 있는 사람들은 결코 인과율의 본질과 타당성에 관한 질문에 관해 관심을 표명하는 일을 저버린 적이 없다. 그러한 관심은 지금 급격히 불어나고 있으며, 우리는 인과율이 무엇인가 본질적이라는 결론 쪽으로 이끌려 가고 있다. 우리는 인과 법칙이 궁극적으로 우리의 감각과 지성에 독립적이며, 또한 직접적으로 과학적인 정밀 조사가 불가능한 현실 세계에 깊이 뿌리를 내리고 있는 것이 아닌가 하는 생각을 해본다. 왜냐하면, 비록 지구가 몽땅 멸망한다고 해도 우주의 사건들은 여전히 인과 법칙을 따르리라는 것은, 비록 그러한 주장의 의미와 정당성을 시험해 볼 사람이 아무도 존재하지 않게 될지라도 틀림없이 받아들여질 것이기 때문이다.

어느 경우이든 인과율의 참 본성을 이해하는 방법은 오직 하나이다. 이 방법은 우리가 가진 자료의 세계 즉 우리의 경험의 세계에서 출발하여, 그것을 일반화시키고, 신인 동형동설의 요소(Anthropomorphic Element)들을 가능한 한 모두 제거하여, 조심스럽게 인과율의 객관적인 개념을 다듬어 내는 것이다.

이러한 방향에서 이루어진 많은 시도에서 볼 수 있는 것은, 우리가 인과율의 개념에 접근할 수 있는 최고의 방법은 그것을 우리의 일상생활에서의 미래 사건에 대한 예측 능력에다 결부시켜 보는 데 있다는 점이다. 실로, 두 사건 사이의 인과 관계를 증명하는 데 있어서, 한 사건의 발생이 규칙적으로 다른 사건의 발생을 예견할 수 있게 해준다는 것을 보이는 것보다 사건의 발생을 예견할 수 있게 해준다는 것을 보이는 것보다 더 나은 방법은 없다. 이 정도는 인조 비료와 토양의 비옥도 사이의 인과 관계를 의심하던 사람들을 대상으로 매우 훌륭한 증명을 보였던 소설 속의 한 농부도 알고 있었다. 회의론자들은 농원의 토끼풀 생산량의 증가가 인조 비료를 썼기 때문이라는 것을 믿지 않고 다른 이유를 찾으려고 했다. 그래서 농부는 농원에 쟁기질로 글자 모양을 새겨서 글자 부분에만 땅세를 주고, 농원의 나머지 부분은 그대로 두었다. 이듬해 봄에 토끼풀이 자랐을 때는 '이 부분은 석고 비료를 뿌렸습니다'라는 토끼풀로 된 글자들을 누구라도 명확히 읽을 수가 있었다.

다음 단계는, '만약 어떤 사건이 확실하게 예측될 수 있을 때 그 사건은 인과적인 조건에 있다'라는 단순하고 일반적인 명제에서 출발하고자 한다. 물론 이것은 미래를 정확히 예견할 가능성이 인과 관계의 존재에 대한 기준이라는 것 이상의 의미를 갖지는 않는다. 그렇다고 이 두 가지가 동등하다는 뜻은 아니다. 가까운 예를 들면, 낮 동안 우리는 확신을 하고 밤이 온다는 예측을 한다. 따라서 우리는 밤이 원인을 갖는다고 추론할지도 모른다. 그러나 이러한 이유로 우리는 낮을 밤의 원인으로 간주하지는 않는다. 반면에 우리는 정확한 예측이 전혀 불가능한 곳에도 인과 관계가 있다고 가정하는 일이 흔히 있다. 예를 들어 날씨의 경우가 그렇다. 일기 예보에 대한 불신은 잘 알려진 바다. 하지만 숙련된 기상학자치고 대기의 사건들이 인과적으로 결정된다는 것을 안 믿는 사람은 아마 없을 것이다. 그래서 우리의 출발 명제는 인과율 개념의 참 본질을 이해하기 위해, 상당히 더 깊이 파고들어야 한다는 하나의 잠정적인 가치 이상의 것을 함유하지는 않아 보인다.

  일기 예보에 관해서 분명한 소견은, 문제가 되는 물체 즉 대기가 너무 광활하고 복잡하므로 일기 예보가 신뢰 될 수 없다는 점이다. 만약에 대기의 조그만 부분—예를 들어 1ℓ의 공기—을 취해 본다면, 우리는 그것이 압력이나 열, 습기 등과 같은 외적 영향에 어떻게 반응할 것인가를 정확히 예측하는 데 있어서 훨씬 나은 위치에 있게 된다. 우리는 압력이나 온도의 증가, 응축 등으로 인한 효과를 발견하기 위해 실시할 수 있는 측정의 결과를 다소 정확히 예측할 수 있게 해주는 몇몇 물리 법칙들을 잘 알고 있다.

그러나 좀 더 정밀히 조사해 보면 매우 현저한 발견을 하게
된다. 우리가 선택하는 조건이 아무리 단순하고 우리의 측정
장비가 아무리 정교할지라도, 측정 결과를 절대적으로 정밀하
게 예측하는 것, 즉 소수점 이하의 모든 자릿수까지도 측정된
숫자와 일치하도록 계산을 하는 것은 결코 불가능하다. 항상
부정확성의 요소는 존재한다. 이것은, 예를 들어 $\sqrt{2}$를 계산할
때 모든 자릿수까지 완전히 정확하게 나타낼 수가 있는 순수
수학적인 계산의 경우와는 다르다. 그리고 역학과 열학에 적용
되는 것은 예를 들어 전기적 사건 및 광학적 사건 등과 같은
물리학의 다른 모든 부류에서도 옳다.

가용한 사실들에 의해 우리가 받아들이지 않을 수 없는 것
은, 어떠한 경우이든 물리적 사건을 정확히 예측하는 일은 불
가능하다고 함으로써 형세를 정확히 요약할 수 있다는 점이다.

만약 우리가 이러한 사실을 앞에서 우리의 출발 명제였던
'만약 어떤 사건이 정확히 예측될 수 있다면 그것은 인과적으
로 결정된다'는 것과 병렬 시켜 놓으면, 우리는 스스로가 불편
하지만 피할 수 없는 딜레마에 직면하게 됨을 알게 된다. 만약
우리의 원래 명제를 엄격하게 유지한다면, 우리는 자연으로부
터 인과 관계의 존재를 단정할 만한 아무런 예증도 얻지 못할
것이다. 만약 다른 어떤 엄격한 인과율이 어떻든 발견되어야
한다고 주장한다면, 우리는 어느 면에서 우리의 출발 명제를
수정하지 않으면 안 된다.

오늘날 위의 양자택일 중 첫째 것을 선호하는 물리학자나 철

학자가 많이 있다.

필자는 이들을 비결정론자(Indeterminist)[1]라고 부르고자 한다.

이들은 자연에 아무런 참 인과율이나 법칙 따위가 존재하지 않으며, 또한 이것들의 존재에 대한 환상은, 매우 근사하게 유효하지만 절대적으로 유효한 것은 아닌, 어떤 법칙들이 존재하는 것으로 알려진 사실에서 연유된다고 주장한다. 원칙적으로 비 결정론자는 모든 법칙에서 그리고 심지어는 중력 법칙에서마저 통계적인 토대를 기대한다. 이러한 모든 법칙은 그에게 있어서는 수많은 유사 관측들로부터 얻어진 평균치를 참조하고, 단일 관측들에 근사적인 타당성 이상의 의미를 부여하지 않으며, 또한 항상 예외를 인정하는 그러한 확률의 법칙들이 된다.

이러한 통계 법칙의 한 좋은 예는 기체가 용기에 미치는 압력이 기체의 밀도와 온도에 의존한다는 데서 찾아질 수 있다. 기체에 의한 압력은 빠른 속도로 불규칙하게 모든 방향으로 나는 극히 많은 분자의 계속된 충돌에 의해 생긴다. 그러한 충돌에 의한 총에너지가 계산되면, 그 결과로서 용기 벽에 작용하는 압력은 기체의 밀도와 분자들의 평균 속도의 제곱에 매우 근사하게 비례한다는 것이 발견된다. 더 나아가, 만약 온도가

[1) 비결정론(Indeterminism) : 결정론(Determinism)에 대립하는 말. 결정론이 인간의 행위를 비롯한 모든 사건은 원인을 갖는다고 주장하는 반면, 비결정론은 인간의 의지가 선행된 의지에 제약받지 않고 그 자체로부터 인과의 계열을 시작할 수 있다고 주장함. 따라서 비결정론은 대개 역사의 필연성을 인정하지 않음

분자 속도의 척도로 간주한다면 이 계산은 실제 측정과 매우 잘 일치한다.

이 이론은 압력에서 일시적인 변동을 연구해 봄으로써 직접 확인이 되며, 그러한 변동은 우리가 용기 벽의 매우 조그만 부분에만 집중해 볼 때 관측된다. 만약 우리가 예를 들어 10억분의 1제곱 밀리미터의 부분을 고려해 본다면, 우리는 두 개 또는 심지어 세 개의 분자들이 곧바로 연속하여 이 지정된 표면에 부딪히기도 하지만, 때로는 한 개가 이 표면에 부딪힐 때까지 상당한 시간이 소요됨을 발견할 것이다. 이것은 모두 가능성의 문제이다. 물론 이러한 상황에서는 기체에 의해 일정한 압력이 형성된다는 주장은 불가하다. 압력은 오히려 불규칙하게 변동한다. 단순한 압력 법칙은 오직 매우 많은 분자가 충돌에 가담하는 비교적 넓은 표면에 대해서만 유효한데, 그때는 불규칙성이 서로 상쇄되기 때문이다.

분자들의 불규칙한 충돌때문에 생기는 이러한 종류의 변동은 빠른 속도로 이동하는 분자들과 쉽게 이동되는 물체들이 접촉하고 있는 곳이면 어느 곳에서나 관측된다. 예를 들어, 브라운에 의해 처음으로 기술되어 그의 이름을 딴 브라운 운동에서도 관측될 수 있다. 이 운동은 액체 속에 퍼져 있는 미세한 먼지 입자들이 액체 분자들과 충돌하면서 생기는 불규칙한 운동이다. 이때 균형이 민감하여 정지 상태에는 이르지 않고 평형점을 중심으로 계속하여 불규칙한 진동을 한다는 사실은 이 운동의 또 다른 면이다.

다양한 방사능 현상에서 우리는 통계 법칙의 또 한 예를 본다. 방사능 물질은 양 또는 음의 전하량을 가진 많은 입자들을 방출하는데, 이는 원자의 자연 분해에 의한 과정이다. 비교적 긴 시간을 고려하면 방출은 안정되어 있다고 말할 수 있다. 그러나 비교적 짧은 시간 동안, 즉 두 개의 연속된 방출 사이의 평균 시간 간격보다 크게 길지 않은 동안을 고려해 보면, 우리는 진행이 전적으로 불규칙하다는 것을 발견하게 된다.

비결정론자들은 모든 물리 법칙을 그들이 기체의 법칙과 방사능의 법칙을 다룰 때와 같은 방법으로 취급한다. 그들은 물리 법칙들을 종전의 분석에서처럼 우연성의 문제이며, 물리학을 확률 계산학 위에다 세우는 것이 그들의 목표이다.

하지만 물리학은 사실 지금까지 그 반대의 가정 위에서 발전해 왔으며, 물리학자들은 앞서 언급한 양자택일에서 두 번째의 것을 선택해 왔다. 다시 말해서, 오직 어떤 사건이 정확히 예측될 수 있을 때만 그것이 인과적으로 결정된다는 인과 원리가 고스란히 보존되기 위해서는 약간의 수정이 필요했다. 수정 사항은 '사건'이라는 용어로써 나타내진 의미를 바꾸는 것이었다. 이론 물리학자들은 개개의 측정을 하나의 사건으로 고려하지 않는데, 이는 그러한 측정이 항상 우발적이고 또한 본질에서 벗어난 요소들을 담고 있기 때문이다. 물리학에서 사건은 단순히 어떤 지적 과정을 의미한다. 물리학은 감각이나, 감각을 보조하기 위해 사용되는 측정 장치들이 우리에게 준 세계를 하나의 새로운 세계로 교체한다. 이 새로운 세계가 이른바 물리적 세계상(Physical World Image)이다. 단순히 하나의 지적 구조이며 어느 정도까지는 임의적이다. 이는 모든 측정에 고유한 부정확성을 피하고 정확한 정의를 쉽게 하기 위해 만들어진 일종의 모형이나 이상화이다.

모든 측정 가능한 크기, 모든 시간 간격, 모든 질량, 그리고 모든 전하량 등은 이중적인 의미가 있다. 그것들은 직접 측정된 결과로 볼 수도 있지만, 또한 우리가 물리적 세계상이라고 이름 지은 모형에 적용되는 것들로 취급될 수도 있다. 먼저 경우는 그것들이 결코 정확하게 정의될 수가 없으며, 따라서 결코 정확한 숫자로 나타내질 수가 없다. 두 번째 경우는 그것들이 우리가 정확한 규칙에 따라 운용할 수 있는 명확한 수학 부호들로 표시될 수가 있다. 만약 우리가 물리학에서 어떤 탑의 높이를 계산하기 위해 삼각 공식을 이용한다면, 우리는 마음속에 완벽하게 정의된 크기를 생각하게 된다. 반면에, 실제로 그 높이를 측정해 본다고 해서 우리는 그 정확한 크기를 얻지는 못한다. 그리하여 이상적인 높이(항상 완벽한 정확도로써 계산될 수 있는)는 항상 실제로 측정된 높이와는 다르며, 전자의 진동 주기나 전구의 밝기 등에도 같은 이치가 적용된다. 더 나아가, 예를 들어 공간에서의 광속이나 전자의 전하량 등과 같은 어떠한 보편 상수도 물리적 세계상에서와 어떤 실제 측정에서 똑같지가 않다. 물리적 세상에는 그것이 완전히 정확하지만, 실제 측정에서는 그것이 정확하게 정의되지 않는다. 물체에 대한 확고한 이해를 위해서는 감각 세계에서의 크기와 세계상에서 유사하게 지정된 크기 사이의 명확하고 철저한 구분이 필수 불가결하다. 그것이 없이는 이 문제에 대한 어떠한 토론도 항상 오해로 이끌려지고 말 것이다.

따라서 가끔 언급된 것처럼, 물리적 세계상은 오직 직접적으로 관측 가능한 크기들만을 포함할 수 있거나 포함해야만 한다는 것은 경우에 맞지 않는다. 사실은 그 반대이다. 세계상은 아무런 관측 가능한 크기를 함유하지 않는다. 가진 것이라고는 기호들뿐이다. 더욱이 세계상은 감각 세계에 적용되는 아무런 직접적인 의미도, 또한 실제로 전혀 아무 의미도 없는 어떤 성분들(예를 들면 에테르파, 부분 진동, 기준 좌표 등)을 늘 담고 있다. 그러한 구성 분자들은 불필요한 부담으로 보일 수도 있다. 그러나 그것들이 채택된 이유는 세계상의 도입이 그와 함께 한 가지 결정적인 이점을 가져다주기 때문이다. 그 이점은 바로 세계상의 도입으로 인해 엄격한 결정론을 성취할 수 있다는 사실에 놓여 있다.

사실 세계상의 기능은 단지 하나의 보조 기능일 뿐이다. 바로 앞의 분석에서 문제가 되는 것은 감각 세계의 사건들이며, 또한 절실히 요구되는 것은 이들을 미리 가능한 한 정확하게 계산하는 것이다. 고전 이론에 의하면 그 절차는 다음과 같다. 대상(예를 들면, 물질체계)을 감각 세계로부터 취하여 어떤 측정된 상태로 부호화한다. 다시 말해서 세계상 속으로 옮긴다. 그 결과, 우리는 어떤 초기 상태의 물리적 구조를 얻게 된다. 이어서, 물체에 미치는 외부 영향도 유사하게 세계상의 용어들로 부호화한다. 이 둘째 단계의 결과로서 우리는 구조에 미치는 외력, 즉 초기 조건을 얻게 된다. 이러한 자료들은 항상 계의 행동을 인과적으로 결정하는데, 계의 행동은 이론에 의해 미분 방정식들로부터 절대 정확하게 계산될 수가 있다. 이러한 방법으로 우리는 계의 모든 질점의 좌표와 속도가 완벽하게 명확한 시간의 향수임을 발견한다. 그리고서 이제 우리가 세계상에 사용된 부호들을 다시 감각 세계로 옮겨 놓으면, 감각 세계의 나중 사건이 먼저의 사건과 관련되어 왔다는 결과를 얻게 된다. 그리하여 감각 세계의 먼저 사건은 우리가 감각 세계의 나중 사건을 근사적으로 예측할 수 있도록 해주는 데 사용될 수가 있다.

그렇다면 우리는 다음과 같이 요약할 수 있다. 감각 세계에서의 어떤 사건의 예측은 항상 어떤 부정확성을 갖기 쉽지만에, 물리적 세계상의 모든 사건들은 그것들이 인과적으로 결정될 수 있도록 체계화할 수 있는 어떤 명백한 법칙들을 따라 일어난다. 따라서 물리적 세계상의 도입으로 인해 우리는 감각 세계의 사건을 예측하는 데서 생기는 부정확성을 사건이 감각 세계에서 세계상으로 그리고 다시 세계상에서 감각 세계로 전이되는 데서 생기는 부정확성으로 대치할 수 있게 된다. 물리적 세계상의 중요성이 바로 여기에 있다.

고전 이론은 그러한 전이로 인한 부정확성을 무시하는 경향이 있었다. 고전 이론은 인과율을 세계상의 사건들에 적용되는데 전력해 왔으며, 이러한 방법에 의해 놀라운 성공을 이룩해냈다. 또한 앞에서 언급한 기체의 압력이나 분자들의 운동(브라운 운동)에서의 불규칙한 변동에 대해서도, 엄밀한 인과율에 모순되지 않는 만족스러운 설명을 성공적으로 발견해 왔다. 비결정론 자들에게는 이러한 현상들이 자기들을 위한 문제를 구성하지는 않는다. 그들은 모든 법칙의 이면에 있는 불규칙성을 추구하며, 통계 법칙이 그들을 직접적으로 만족하게 해준다. 이에 따라 그들은 두 분자 사이의 충돌이나 분자와 용기의 충돌이 통계 법칙을 따른다는 가정으로써 자신을 한정해 버린다. 하지만, 전자들이 전도체의 표면에 모인다고 해서 모든 개개의 전자들의 전하량이 그 표면에 있다는 추론을 할 수는 없는 것처럼, 위의 가정에 대해서도 실로 타당한 이유는 없다. 반면에 결정론자들은 모든 불규칙성의 이면에 있는 법칙을 추구하며, 그들의 임무는 어떠한 두 분자 사이의 충돌도 인과적으로 결정된다는 가정 위에 기체의 법칙에 대한 이론을 체계화하는 것이다. 이 문제의 해답은 위대한 물리학자 볼츠만(Ludwig Boltzmann) 평생의 연구 결과였으며, 또한 이론적 연구의 가장 탁월한 한 업적이다. 그것은 평형점에 관한 진동의 평균 에너지는 절대 온도에 따라 변한다는 명제—실험때문에 확인된 명제임—를 유도할 뿐만 아니라, 또한 우리가 단순히 그 진동을 측정함으로써, 예를 들어 매우 민감한 천칭에 부딪히는 분자들의 절대 수와 절대 질량을 훌륭한 정확도를 가지고 계산할 수 있도록 해준다.

이러한 성공 및 이와 비슷한 성공들은 마치 고전 물리학의 세계상이 대체로 그에 맡겨진 임무를 수행할 수 있을 것이며, 또한 측정 방법이 점차 다양해짐에 따라 감각 세계로부터와 감각 세계로의 전이 과정 뒤에 남는 부정확성이, 마침내 점점 하찮은 것으로 여겨질 것이라는 기대를 확보해 주는 듯했다. 그러한 기대는 플랑크의 양자 출현과 동시에 깨지고 말았다.

양자 이론은 원래 빛과 열의 복사에서 발전되었다. 이에 따라 우리는 복사 과정의 취급을 그 출발점으로 할 수 있겠다. 수많은 사실로부터 우리는, 어떤 주어진 빛깔을 가진 빛줄기의 에너지는 안정된 연속 흐름으로 이동하지 않고 광자(Photon)라고 불리는 크기가 오직 빛의 색에 좌우되는 개개의 성분으로서 진행한다는 것이 입증되었다고 볼 수 있다. 그러므로 광자들은 그 출처에서 모든 방향을 향해 광속으로 날아가는데, 여기까지는 뉴턴의 방사 이론을 따른다. 빛이 강렬한 곳에서는 광자들이 서로 매우 밀집되어 이동하므로 이들은 실제로 안정된 연속 흐름과 동등하다. 그러나 그 출처로부터 멀어짐에 따라 광선의 밀도는 점점 감소하고 광자들의 간격도 서로 더 벌어지게 되는데, 이는 마치 물이 분출할 때 분출구로부터 멀어질수록 점점 더 연해지다가 결국 어떤 크기를 가진 물방울들로 변하는 것과 같다. 독특한 사실은, 광선의 에너지가 줄어진다고 해서 광자(에너지 '방울')들이 작아지지는 않는다는 점이다. 광자들의 크기는 변하지 않은 채 그것들 사이의 간격만 더 벌어질 따름이다.

이제 인과율을 이러한 사건들에 적용해 보면 우리가 심각한 궁지에 몰린다는 것을 쉽게 볼 수 있다. 예를 들어, 매우 매끄럽고 판판한 판유리 위에 입사하는 어떤 빛깔을 가진 광선을 생각해 보자. 빛의 일부는 반사할 것이고, 나머지(여기서는 전체의 4분의 3이라고 하자)는 판을 투과할 것이다. 이 두 부분 사이의 비율은 빛의 강도 또는 다른 말로 유리에 부딪히는 광자들의 수와는 무관하다. 이 정도는 경험에 의해서도 부딪치는 광자들의 수와는 무관하다. 이 정도는 경험에 의해서도 알려져 있다. 이제 만약 부딪히는 광자의 수가 크다면, 예를 들어 백만 개라고 하면, 얼마가 반사되고 얼마가 투과할 것인가는 쉽게 말할 수 있다. 즉, 백만의 ¼은 반사되고, 그 ¾은 통과할 것이다. 그러나 만약 광선이 극히 약하여 오직 한 개의 광자가 유리에 부딪치게 된다고 하면, 그것이 반사될 것인가 또는 투과할 것인가 하는 질문은 적어도 심각한 당혹감을 일으키게 한다. 가장 쉬운 답은 한 개의 광자를 네 조각으로 쪼개는 것이지만 이것은 불가능하다.

그러나 더 난처한 일이 남아 있다. 위의 예에서는, 당장은 불확실한 상태이지만 광자에 이런저런 점에서 결과적인 영향을 미치는, 지금까지 알려지지 않은 어떤 요인이 있을지도 모른다고 가정함으로써 빠져나갈 방법을 찾을 수도 있을 것이다. 그러나 다음 경우는 완전히 절망적인 것 같다. 사실 어떤 색들은 반사를 선호하는 반면에 다른 것들은 투과를 선호한다. 백색광이 판유리 위에 입사하면 반사광 및 투과광은 색채를 띤다. 빛에 관한 고전적 파동 이론은 이 현상에 대해 전적으로 만족스러운 설명을 제공한다. 이 이론은 판의 앞면에서 반사된 빛이 뒷면에서 반사된 것과 간섭을 하여 한 광선의 파 마루가 다른 광선의 파 마루 또는 파 골짜기와 합쳐짐에 따라 두 반사 광선이 강해지거나 또는 약해진다고 설명한다. 빛깔이 다르면 파장이 다르다. 그리하여 다른 색들 사이에는 차이점들이 있으며, 이러한 차이점들에 대한 계산 값과 실제 실험값은 정확히 일치한다. 이러한 현상은 최소 강도의 빛에서도 역시 관측될 수 있다.

이제 한 개의 양자가 판유리에 입사하는 경우에는 어떤 일이 일어날까? 양자는 그 자신과 간섭을 일으켜야 하는데, 그렇지 않으면 파장이 미치는 영향은 아무것도 없기 때문이다. 이를 위해 양자를 부분으로 쪼개어야 한다. 하지만 그것은 불가능하다. 따라서 우리는 이러한 견해를 통틀어서 조리가 없는 것으로 본다.

양자 이론에 관한 한, 역학은 광학과 같은 위치에 있다. 가장 작은 질점인 전자는 광자와 같은 조건에 있으며 이것들은 서로 간섭한다. 이러한 점에서 주어진 속도를 가진 전자는 주어진 공률(Power)을 가진 광자와 닮았다. 만약 전자가 수정으로 된 판에 어떤 각도로 부딪치게 되면, 그 속도에 따라 반사 또는 투과가 선호되며, 이 현상의 모든 세부적인 것에 대한 완전한 설명은 그 에너지에 상응하는 파장을 고려하여 얻어진다. 따라서 전자가 수정판에 부딪힐 때의 궤적은 결코 계산되어 본 적이 없으며, 실로 계산될 수도 없다.

임의의 속도로 움직이는 전자 위치를 결정하는 데 있어서의 근본적인 어려움은 원래 하이젠베르크(Werner Heisenberg)가 체계를 세운 불확정성 관계(Uncertainty Relation)에 의해 일반적인 방법으로 표현되어 있다. 불확정성 관계는 양자 물리학의 한 특성인데, 특히 전자의 공간 위치의 측정이 정확하면 그 속도의 측정이 부정확하며 이의 역도 성립된 것을 밝히고 있다. 그 이유를 발견하기는 어렵지 않다. 우리는 전자를 볼 수 있을 때만 그 위치를 결정할 수 있으며, 전자를 보기 위해서는 전자에 조명을 비추어야, 즉 빛이 전자에 떨어지게 해야 한다. 전자에 떨어지는 광선은 전자에 부딪혀 전자의 속도를 바꿔 버리며, 그리하여 계산이 불가능해진다. 위치를 더 정확하게 결정하고자 할수록 전자를 비추기 위한 광파의 사용 기간은 더 짧아져야 하고, 충격은 더 강해질 것이며, 따라서 속도를 결정하는 데 있어서의 부정확 도는 더 커지게 될 것이다.

이 정도가 알려지고 나니, 우리가 고전 물리학의 세계상의 핵심에서 보는 것과 같이 질점의 위치와 속도의 동시 값을 감각 세계로 어떤 요망되는 정확도로써 전이시킨다는 것은 원칙적으로도 불가능하다는 것이 정확해진다. 이러한 불가능이 엄밀한 인과율의 적용을 어렵게 하고, 또한 어떤 비 결정론자들이 물리학에 적용된 인과 법칙은 명백하게 반박되었다고 주장하도록 만들었다. 그러나 더 자세히 고려해 보면, 이러한 결론은 세계상과 감각 세계 사이의 혼동에서 빚어진다는 것을 볼 수 있다. 어쨌든 이것은 때 이른 결론이며, 다른 방법으로 이러한 난점을 제거하는 것이 훨씬 더 자연스럽다. 그것은 비슷한 경우들에 있어서 유익한 도움이 되었던 방법인데, 질점의 위치 및 속도의 동시 값이나 주어진 빛깔의 광자의 경로를 묻는다는 것이 물리학에서는 의미가 없다고 가정하는 것이다. 분명히 인과 법칙은 그것이 무의미한 질문에 답을 할 수 없다는 이유로 비난받을 수는 없다. 비난은 의문을 자아내는 가정, 즉 이 경우는 물리적 세계상의 가정된 구조에 있다. 고전적 세계상은 실패했으며 다른 것이 이를 대치하여야 한다.

이러한 대치는 실제로 이루어졌다. 양자 물리학의 새로운 세계상은 플랑크의 양자를 수용하는 확고한 결정론을 성취하려는 희망에서 생겨났다. 이러한 목적을 위해 그때까지는 세계상의 본질적인 부분이었던 질점이 그 최고 권위를 버려야 했다. 질점은 이제 하나의 물질파계인 것으로 분석되었으며, 이러한 물질파들이 새로운 세계상의 요소들이다.

양자 물리학의 세계상과 고전 역학과의 관계는 대략 하위헌스(Huygens)의 파동 광학과 뉴턴의 미립자 광학 또는 광선 광학과의 관계와 같다. 뉴턴의 광학은 매우 많은 예를 만족시키지만, 그 이외의 것들에서는 실패한다. 유사하게 고전 역학이나 미립자 역학은 이제 좀 더 일반적인 파동 역학의 한 특별한 예에 지나지 않은 것으로 보인다. 고전 체계의 질점을 대신하여 무한히 가느다란 파의 다발이 발견되었는데, 이는 수많은 파가 질점이 차지하는 위치를 제외한 모든 곳에서 서로 상쇄되는 그러한 방식으로 파들이 서로 간섭하는 계를 말한다.

물론, 파동 역학의 법칙들은 질점을 가진 고전 역학 법칙들과는 기본적으로 다르다. 그러나 한 가지 핵심적인 사실은 물질파를 특정 짓는 크기가 파동 함수라는 것이다. 이 파동 함수에 의해 모든 시간과 장소에 대한 초기 조건과 최종 조건들이 완전히 결정된다. 이러한 목적을 위한 명확한 계산 법칙이 이용될 수 있는데, 그것은 슈뢰딩거(Schrödinger)의 연산자나 하이젠베르크의 행렬, 디랙(Dirac)의 양자 번호(Q-number) 등을 이용할 수 있다는 것이다. 이리하여 파동 함수의 도입은 앞서 언급했던, 전자가 수정에 부딪힐 때 어떻게 행동하는가의 질문에서 생기는 어려움을 풀어 준다. 이때의 질문은 전자가 수정판에서 반사가 되는가 또는 투과를 하는가였다. 한 개의 전자를 여러 조각으로 나눌 수가 없다. 그러나 전자를 대치한 파들은 그렇게 될 수가 있어서 앞면에서 반사되는 파와 뒷면에서 반사되는 파 사이의 간섭이 가능해진다. 지금까지는 그러한 과정이 전혀 이해될 수가 없었지만, 이제는 그것이 정확히 체계화된 법칙에 따라 일어나고 있다.

그리하여 우리는 양자 물리학의 세계상에서도 고전 물리학에서만큼이나 완전하고 확고한 결정론이 존재한다는 것을 본다. 유일한 차이점은 다른 부호들이 사용되고 또한 운용 법칙이 다르다는 것이다. 이에 따라 우리가 앞서 고전 물리학에서 보았던 것과 같은 것이 양자 물리학에서도 일어난다. 감각 세계의 사건을 예측하는 데 있어서의 불확실성은 사라지고, 그 자리에 우리는 세계상과 감각 세계 사이의 연결에 관한 불확실성을 갖게 된다. 다시 말해서, 우리는 부호들을 세계상에서 감각 세계로 그리고 다시 그 반대로 옮기는 데서 일어나는 부정확성을 갖는다. 물리학자들이 이러한 이중적인 부정확 도를 참고 견뎌 왔던 사실은 결정론의 법칙을 세계상 안에서 유지한다는 것이 중요하다는 데 대한 하나의 인상적인 예증이다. 동시에, 비판적인 관측자는 엄격한 인과율을 보존하기 위해 지급된 대가가 다소 비싸다고 볼 수 있을 것이다. 피상적으로 고찰해 보면, 양자 물리학의 세계상과 감각 세계 사이의 거리가 얼마나 멀고, 또한 한 사건을 세계상으로부터 감각 세계로 그리고 다시 그 반대로 옮긴다는 것이 양자 물리학에서는 얼마나 더 어려운가를 보게 된다. 사정이 이제 고전 물리학에서처럼 단순하지가 않다. 고전 물리학에서는 각각의 부호의 의미가 전적으로 명확했다. 질점의 위치, 속도, 에너지 등이 측정에 의해 다소 직접적으로 확증될 수 있었고, 측정 방법의 정확도가 점진적으로 개선되어 감에 따라 아직 남아 있던 어떠한 부정확성도 궁극적으로 어떤 주어진 한계 밑으로 감소할 것이라는 가정을 못 할 분명한 이유가 전혀 없었다. 반면에, 양자 역학의 파동 함수는 처음에는 우리가 감각 세계를 해석하는 데 있어서 전혀 도움이 되지 못했다. '파'라는 용어는 적절한 표현이지만, 양자 역학에서는 그 의미가 고전 역학에서 예전에 가졌던 의미와는 전적으로 다르다는 사실이 숨겨져서는 안 된다. 고전 물리학에서 파는 명확한 물리 과정으로서, 감각에 의해 인지될 수 있는 운동이거나 직접적인 측정이 허용되는 교류 전기장을 말한다. 반면에 양자 물리학에서 파는 실로 어떤 상태가 존재하는 확률만을 의미한다. 한 개의 광자나 전자가 수정판 위에 부딪힐 때, 이것들이 나뉘어서 간섭 현상을 유도하는 것은 아니다. 우리가 아는 것은 보이지 않는 광자나 전자가 존재하는 확률뿐이다. 이 크기가 광자나 전자의 완전히 명확한 수를 의미하는 경우는 오직 매우 많은 광자나 전자가 부딪힐 때뿐이다.

그러한 고찰은 비 결정론자들이 인과 법칙에 대한 공격을 새롭게 하도록 만들었다. 현재로서는 그들이 어떤 긍정적인 성공을 기대할 만한 약간의 이유가 있는데, 이는 모든 측정이 파동 함수에 관련된 한 그것들이 단순히 통계적 의미만을 가져야 하기 때문이다. 하지만 여기 또다시 엄격한 인과율의 지지자들에게 예전처럼 탈출의 수단이 있다. 이들이 다시 한번 가정할 수 있는 것은, 양자 역학의 세계상의 어떤 부호(예를 들면, 물질파)가 갖는 의미를 추구하는 것이 어떤 중요성이 있기 위해서는, 반드시 이러한 의미가 어떻게 결정되어야 하고, 동시에 이 부호를 감각 세계에 적용하기 위해 사용되는 특수 측정 장치들의 조건은 무엇인가가 언급되어야 한다는 것이다. 사용된 측정 장치의 인과 작용을 이야기하는 것이 관례적이라는 것은 이러한 이유 때문이다. 여기서 측정 장치의 인과 작용이란, 어쨌든 부정확 도는 측정되는 크기가 그 측정 수단과 어떤 종류의 법칙에 의해 관련되어 있다는 사실에서 부분적으로 비롯된다는 뜻이다.

사실, 어떤 측정 방법이 사용되든 항상 모든 측정은 측정될 사건과 다소의 간섭을 일으킨다. 이에 대해서는 앞에서 우리가 운동하는 전자를 다룰 때 그 전자에 조명이 비치면 전자의 경로가 간섭을 받는다는 데서 보았다. 이때의 간섭은 조명의 강도에 따라 변하며, 이러한 조명은 측정을 위해 필수적이다. 따라서 다양한 시간에 있어서 어떤 주어진 물질파는 감각 세계에서 다양한 사건들에 대응하는데, 그 이유는 물질파는 감각 세계에서 다양한 사건들에 대응하는데, 그 이유는 물질파의 감각적인 의미가 오직 파 자체에만 의존하는 것이 아니라 파와 측정 장치 사이의 상호 간섭에도 의존하기 때문이다.

58

　위의 가정으로 인해 전반적인 문제는 새롭게 진전되지만, 더 이상의 과정은 아직 확실치 않다. 사건을 측정해야만 우리가 그 사건을 알게 되고, 그래서 모든 측정 때마다 새로운 인과적 간섭—다시 말해서, 사건의 새로운 교란—이 일어난다는 사실의 관점에서, 이제 비 결정론자들은 측정 장치에 의해 측정된 사건에 미치는 인과적 영향이 도대체 어떤 합리적인 의미가 있는가에 대해 정당하게 물을 수 있다. 따라서 마치 '사건 자체'와 이를 측정하는 데 쓰이는 장치들을 분리하는 일은 틀림없이 불가능한 것처럼 보인다.

　하지만 이러한 반론은 경우에 맞지 않는다. 모든 실험 물리학자들은 직접적인 방법도 있지만, 간접적인 방법도 있어서 직접 방법이 실패하더라도 많은 경우에 간접 방법이 유효한 도움을 준다는 것을 잘 알고 있다. 또한 물리학에서 한 문제를 놓고 오직 그것이 명확한 답을 허용할 것이라는 확신이 미리 섰을 때만 그것을 시험해 볼 가치가 있다고 생각하는 그럴싸하게 만연된 견해는 한 마디로 반박되어야 한다. 만약 항상 그러한 법칙을 따랐더라면 마이컬슨과 몰리가 이른바 지구의 절대 속도를 측정하기 위해 실시했던 그 유명한 실험은 절대 시도하지도 않았을 것이며, 오늘날 우리에게 상대론도 없었을 것이다. 한때 지구의 절대 속도에 대한 문제는 다소 무의미해 보였었다. 하지만 이에 들여진 수고가 물리학에 얼마나 큰 도움이 되었는가는 이미 증명되어 온 바다. 엄격한 인과율의 문제를 추적하는 것이 가치가 있을지도 모른다는 생각이 점점 더 드는데, 그 이유는 이 문제가 정착되기에는 아직 갈 길이 멀고 또한 물리학에서의 다른 어느 문제들보다 더 풍성한 결실을 맺어 줄지도 모르기 때문이다.

그러면 우리가 어떤 결정을 내릴 것인가 하는 문제가 남는다. 명백히 우리가 할 수 있는 것이란, 두 개의 상반된 견해 가운데 어느 하나를 채택하여 그것이 쓸모없는 것인가 아니면 유익한 결론을 유도하는가를 보는 것이다. 이 정도에서는 이 문제에 관심을 두는 물리학자들이 두 개의 학파로 나누어져 하나는 결정론 쪽으로 기울고 다른 하나는 비결정론 쪽으로 기우는 것을 보는 것만으로도 만족이다. 비록 확신하기가 쉽지 않고 시간이 지남에 따라 변화가 있을 수 있겠지만, 현재로서는 비결정론 쪽이 다수를 형성할 것으로 보인다. 또한 제3의 학파의 여지도 있는데, 광파나 물질파의 개념과 같은 것들은 단순히 감각 세계를 위한 통계적인 의미만을 갖는 것으로 가정하는 반면에, 전기적 인력이나 중력의 개념들과 같은 것들은 직접적인 중요성을 가지며 또한, 엄격한 법칙들에 의해 좌우된다고 간주하는 일종의 중간적 입장을 취하는 학파가 그것이다. 하지만 그러한 견해는 일관성이 없어서 불만족스러운 것으로 취급할 수 있고, 따라서 지금으로서는 이것을 제쳐놓고 완전히 일관성 있는 두 개의 관점들만을 다루고자 한다.

비결정론자가 양자 물리의 파동 방정식은 단순히 통계적 크기라는 것을 알게 되면, 그의 열망은 이룩된 셈이고 더 이상의 질문은 하고 싶은 충동을 못 느낄 것이다. 방사능 과정을 다루는 데 있어서 비결정론 자는 예를 들어 주어진 수의 라듐 화합

체가 매초 당 평균값을 가지고 분해되는 것을 발견하는 데 만족하여, 왜 주변의 것들은 수천 년씩 그대로 남아 있는 반면에 어떤 원자는 지금 분해하고 있는가를 묻지 않는다. 한편, 전기적 인력에 관한 쿨롱의 법칙과 같은 명확한 자연법칙은 그에게 미해결의 문제인데, 그 이유는 그가 쿨롱의 법칙에 안심하고 만족할 수 없으며 또한 예외를 찾지 않을 수 없기 때문이다. 그는 오직 전기력이 쿨롱의 값에 비해 어떤 주어진 양만큼 다를 확률의 정도를 성공적으로 입증했을 때만 안심하고 만족해 한다.

결정론자의 입장은 세부적인 것 하나하나에서 모두 비결정론자와 정반대에 선다. 그는 전기적 인력에 대한 쿨롱의 법칙이 전적으로 명확하기 때문에 이 법칙에 만족해 하지만, 파동 함수에 대해서는 파를 생성하거나 또는 파를 분석하는 장비가 무시되는 경우에만 그것을 가능성 있는 가치를 갖는 크기로써 인지한다. 더 나아가, 그는 파동 함수들의 특성과 파와 상호 인과 관계에 있는 물체들에서의 사건들과의 관계를 지배하는 엄격한 법칙을 찾는다. 이를 위해 그는 물론 파동 방정식뿐만 아니라 이 모든 물체를 연구해야 한다. 또한 그는 물질파의 생성을 위한 사용된 전체 실험 장비들(고압 건전지, 백열 전선, 방사능 물질 등)뿐만 아니라 측정 장비들(사진 건판, 전리 상자, 가이거 제수기 등)도 그곳에서 일어나는 모든 사건과 함께 통틀어서 그의 물리학적 세계상 속으로 전이시켜야만 한다. 또한, 그는 이 모든 물체가 하나의 단일 연구 분야 즉 완전한 전체를 구성하는 것으로 보아야 한다.

물론 이것으로 문제가 정착되지는 않는다. 오히려 문제는 이 순간 더욱더 복잡해졌다. 그 구조를 조각조각 자르는 것은 허용되지 않고, 또한 외부의 간섭도 그 독자성을 깨기 때문에 인정되지 않는다. 그래서 이를 직접적으로 연구하는 것은 모두가 불가능하다. 반면에 우리는 이제 내부 사건들에 관한 어떤 진기한 가설을 만들고, 이어서 그 결과를 시험하는 위치에 있다. 이러한 선상에서 어떠한 진전이 가능한가는 미래가 밝혀줄 것이며, 지금으로서는 그 진전이 어느 방향으로 향할 것 같은가를 명확히 볼 수 없다. 하지만 플랑크의 양자가 우리가 가진 물리적 측정 장치들이 도달할 수 있는 객관적인 한계를 형성한다는 것은 확실하다고 간주할 수 있다. 그리고 이것은 '본질적인', 즉 그 원인과 효과로부터 격리된 가장 섬세한 물리 과정들의 완전한 인과율에 대한 우리의 이해를 가로막을 것이다. 이제 우리가 다소 우리의 고찰의 종점에 이른 것으로 보일 것이다. 고찰 과정에서 우리는 비록 그 필요성은 선험적으로나 후천적으로 증명될 수는 없을지라도, 사물을 바라보는 엄격히 인과적인 방법이 현대 물리에 모순되지 않는다는 것을 발견했다 ('인과적'이라는 말은 위에서 설명한 수정된 의미로 사용됨). 하지만 여기에서마저도 확고한 결정론자들이 여기 소개된 인과율의 해석에 완전히 도취하지 않도록 하기 위한 고의적인 반론이 생긴다. 실로 그 반론은 다른 사람들보다는 결정론자들에게 더 호소력이 있는 것 같다. 비록 우리가 여기에 기술된 선상에서 인과율의 개념을 성공적으로 발전시켜야 한다고 할지라도, 그 반론은 하나의 중요하고 본질적인 결점에 의해 영원히 그 가치를

62

잃을 것이다. 우리는 오직 직접적 감각 세계를 물리적 세계상으로 대치함으로써 우주에 대한 결정론자의 견해를 성취할 수 있었다. 이제 세계상은 우리의 환상에서 비롯되며 일시적이고 가변적인 특성을 갖는다. 그것은 하나의 긴급 개념이며, 기본적인 물리 개념으로서의 가치는 거의 없다. 그리고 인과율의 개념을 인위적인 인간 산물의 도입에 무관하게 독립시킴으로써 더욱더 깊고 직접적인 의미를 부여하는 것이 가능한지에 대한 의문이 생긴다. 이것은 인과율의 개념을 물리적 세계상이 아닌 감각 세계의 경험들에 직접적으로 적용함으로써 이루어질 수 있다. 물론 우리는, 만약 우리가 어떤 사건을 정확히 예측할 수 있다면 그 사건은 인과적으로 결정된다는 취지의 우리 본래 명제를 유지해야만 할 것이다. 그렇지 않으면 우리는 오직 실제 경험으로부터만 시작해야 한다는 우리의 원칙을 포기하게 될 것이다. 동시에 우리는 어떠한 사건에 대한 예측도 불가능하다고 했던 우리의 두 번째 명제를 받아들이지 않으면 안 된다. 앞에 보았던 것과 같은 방식으로, 우리가 만약 자연의 인과율을 존속시키고자 한다면 첫 번째 명제는 다소 수정되어야 한다는 것이 된다. 아직은 변한 것이 하나도 없다. 그러나 이제는 하나의 다른 그리고 어떤 의미에서는 반대의 수정을 가함으로써 지금까지 채택되어 온 것을 대신할 가능성이 커졌다.

  앞에서 우리가 수정을 가한 것은 예측의 객체 즉 사건이다. 수정된 내용은 사건들을 직접적으로 주어진 감각 세계에서가 아니라 가상의 세계상에서 참조한다는 것이었는데, 그러는 과정에서 우리는 사건들에 대해 정확한 결정을 할 수가 있었다.

이제 동등하게, 예측의 주체 즉 예측하는 지성을 수정하는 것
도 가능하다. 모든 예측은 예측하는 사람을 암시한다. 계속되는
논의에서 필자가 제안하고자 하는 것은 예측하는 주체에 초점
을 맞추고, 직접적으로 주어진 감각 세계의 사건들을 객체로
취급하자는 것이다. 인위적인 세계상은 절대 도입되지 않을 것
이다.

　우리는 예측의 정확도가 예측하는 사람의 개성에 크게 의존
한다는 것을 쉽게 인식할 수 있다. 일기 예보로 돌아가 보자.
내일의 일기 예보는 누구에 의해 예견되느냐에 따라 엄청난 차
이가 생긴다. 예를 들어, 대기의 압력 및 풍향, 그리고 공기의
습도와 온도 등에 대해 아무것도 모르는 사람에 의할 수도 있
고, 또는 이러한 모든 것에 유의하면서도 거기에 오랜 경험까
지 겸비한 실제 농부라든가, 또는 마지막으로 그 지역의 정확
한 정보자료뿐만 아니라 세계 모든 지역으로부터의 기상도를
가진 숙련된 기상학자에 의해서 예측될 수도 있다. 위의 순서
는 그 일련의 예측들에 의해 만들어진 예보가 나중으로 올수록
작은 부정확 도를 보이도록 배열되어 있다. 그렇게 되면 우리
는, 오늘의 물리적 사건을 모든 방면에서 완전하게 알고 있는
이상적인 지성은 틀림없이 내일의 일기를 완전하게 정확히 예
견할 수 있는 위치에 있을 것이라는 가정을 하게 된다. 이치가
모든 물리 사건들의 예측에도 적용된다.

　그러한 가정은 하나의 외삽법(Extrapolation)[1], 즉 논리적 과

1) 한정된 개수의 관측값으로부터 만들어진 무형을 가지고 아직 알려지지
않은 관측값을 예측하는 방법

정에 의해 증명되거나 또는 반박할 수 없으며 결과적으로 그 진위에 따라서가 아니라 오직 그 가치에 따라서 평가될 수 있는 하나의 일반화(Generalization)를 의미한다. 이러한 관점에서 볼 때, 우리가 고전 물리적 입장을 가정하든 또는 양자 물리적 입장을 가정하든 어느 한순간에도 한 사건에 대해 완벽하게 정확한 예측을 하기가 불가능한 것은 감각과 장비를 갖춘 인간 자체가 그 법칙들에 종속된 자연의 일부라는 사실의 자연스러운 결론을 얻게 된다. 그러나 이상적인 지성은 그처럼 속박되어 있지는 않다.

이러한 이상적인 지성 자체는 단지 우리의 사유의 산물이라는 것과 또한, 생각하는 두뇌는 물리 법칙을 따르는 원자들로 구성되어 있다는 것에 대해서 반론이 있을지 모른다. 이러한 반론은 자세한 연구에 의해 무너지고 만다. 우리의 사고는 우리이 이미 어떠한 자연법칙도 뛰어넘을 수 있게 하며 또한, 우리는 물리학에서 얻는 것들을 훨씬 뛰어넘는 사건들 사이의 관계도 상상할 수 있다는 것은 확실하다. 만약 우리가 이상적인 지성은 오직 인간의 뇌 속에서만 존재할 수 있으며 뇌가 실종되면 함께 실종할 것이라고 주장한다면, 일관성을 유지하기 위해 우리는 또한 태양과 전체 외부 우주가 과학적 인식의 유일한 근거이므로, 이들도 일반적으로 우리의 감각 내에서만 존재할 수 있다고 주장해야만 할 것이다. 하지만 지각 있는 사람이라면 누구든 심지어 인류 전체가 멸망해도 태양 광선은 절대 없어지지 않는다는 것을 반드시 수긍할 것이다.

이상적 영혼을 우리들 자신과 맞먹는 것으로 간주하지 않도록 유의해야 하는 까닭에, 이상적인 영혼에게 어떻게 하여 그것이 미래의 사건들을 정확하게 예측할 수 있는 지식을 획득하는가에 관해 물어볼 권리가 우리에게는 없다. 왜냐하면, 그러한 호기심이 맞이하게 되는 대답은 '너는 네가 이해할 수 있는 영혼을 닮았지 나를 닮지는 않았다'가 되기 때문이다. 이러한 대답에도 불구하고, 만약 완강한 질문자가 이상적 영혼의 개념은 설사 비논리적이 아니더라도 어쨌든, 내용이 없고 불필요한 것이라고 주장한다면, 우리가 정당하게 응답할 수 있는 것은, 명제는 단순히 그것이 논리적 기초가 약하다는 이유로 과학적인 가치가 없는 것은 아니며, 또한 그러한 편협한 형식주의는 갈릴레오, 케플러, 뉴턴 및 기타 위대한 물리학자들이 그들의 과학적 영감을 끌어낸 그 근원을 차단한다는 것이다. 과학에의 헌신이 이러한 사람들에게는 의식적으로나 무의식적으로나 신념의 문제였다. 이들은 우주의 합리적 질서에 대한 부동의 신념을 가졌었다.

동시에 그러한 믿음이 의무적인 것은 아니다. 우리는 사람들에게 진실을 보라고 명령하거나 또는 그들이 오류에 빠지지 않도록 해줄 수가 없다. 오직 어떤 한정된 범위에서나마 우리가 미래의 자연 사건들을 우리의 지적 작용에 종속시켜서 그들을 우리의 의지에 따라 유도할 수 있다는 것은 단순한 사실이다. 그러나 만약 그것이 어쨌든 우리가 외계와 인간의 영혼 사이의 어떤 조화에 대한 예감을 갖도록 해주지 않는다면, 필연적으로 그것은 완전히 난해한 불가사의로 남게 될 것이다. 논리적으로

66

우리가 어느 정도까지를 이러한 조화의 영역에 소속시킬 것인
가는 부수적인 중요성이 있는 문제이다. 어느 경우에서나 가장
완벽한 조화와 결과적으로 가장 엄격한 인과율은, 인간의 지성
적인 삶에서의 사건들뿐만 아니라 자연력들의 작용에 관한 완
전한 지식—모든 세부적인 것에 뻗쳐 있으며, 현재와 과거 그리고 미
래를 포용하고 있는 지식—을 가진 이상적인 영혼이 존재한다는
가정에서 그 절정에 이른다.

무엇이 이러한 가정에 대한 인간의 자유 의지가 되는가 하는
의문이 있을 수 있고, 또한 그것에 의해 인간은 단순한 자동
기계의 위치로 격하된 것이 아닌가 하는 의혹이 있을 수 있다.
이 의문은 자연스러운 것이다. 여러 번의 기회를 통해 그것을
다루어 왔지만, 이는 매우 중요하여 필자는 이번 기회에도 간
단하게나마 그것을 다루고 지나가려 한다. 필자의 견해로는, 여
기에 채택된 의미로서의 엄격한 인과율의 지배와 인간의 자유
의지 사이에는 조금도 모순이 없다고 본다. 사실 인과 원리라
는 것과 자유 의지라는 것은 각기 전적으로 다른 문제들을 가
리킨다. 위에서 우리는 만약 물리적 사건들에서 엄격한 인과율
이 유지되려면 반드시 이상적이고 전지전능한 영혼의 존재를
가정해야 한다는 것을 보았다. 반면에 자유 의지의 문제는 개
개의 의식이 대답할 문제이며, 그것은 오직 자아(ego)에 의해서
만 결정될 수 있다. 인간의 자유 의지의 개념이 단지 뜻하는
바는 각 개인이 스스로가 자유롭다고 느끼는 것이며, 또한 그
가 사실 그런가 아닌가는 자신만이 알 수 있다. 그러한 형세는
그의 목적이 이상적인 영혼에 의해 세부적으로 이해될 수 있었

다는 사실과 양립한다. 그러한 형세가 개인의 윤리적인 위험에 손상이 간다고 느끼는 것은 이상적인 영혼과 개인의 지성 사이의 거대한 차이를 쉽게 망각한다는 것을 뜻한다.

개인의 의지가 인과 법칙에 독립적이라는 가장 인상적인 증거는 아마 주체의 고유 동기와 행위를 오직 인과 법칙에 기초하여 미리 결정하려는 시도를 통하여, 즉 열렬한 자기반성의 방법에 의하여 발견될 것이다. 그러한 시도는 인과 법칙을 개인의 의지에 적용하는 것 자체가, 그리고 이러한 방법으로 얻어진 모든 정보 자체가 의지에 작용하는 동기가 되어 우리가 찾고 있는 결과가 끊임없이 변한다는 이유로 실패할 것이라는 비난을 미리 받게 된다. 따라서 순수한 인과 선상에서의 주체의 행위를 예견하는 것이 불가능한 탓을 지식의 부족으로 돌린다는 것은 완전히 잘못된 것 같다. 지식의 부족은 개인의 지성의 적절한 향상에 의해 극복될 수도 있다. 그러한 추론은 전자의 위치와 속도를 동시에 정확히 측정하는 것이 불가능하다는 것을 우리의 측정 방법이 부정확하다는 탓으로 돌려 버리는 과정과 비슷하다. 순수한 인과 선상에서 주체의 행위를 예측하는 것이 불가능한 것은 지식의 부족에 있는 것이 아니라, 어떠한 방법도 그 적용으로 인해 객체가 본질적으로 변해 버린다면, 그 방법은 이 객체의 연구에는 적합하지 않다는 단순한 사실에 있다.

결과적으로, 지성적인 사람은 그의 의지의 행위를 결정하기 위하여 인과 원리에 결코 호소할 수는 없다. 이 목적을 위해 그는 전적으로 다른 법칙, 즉 다른 토대 위에 기초하여 있고 또한 과학적 방법만으로는 이해가 될 수 없는 그러한 윤리 법칙을 참조해야만 한다.

항상 과학적 사고는 생각하는 주체와 그 주체의 사고의 대상 사이의 분명한 간격 및 명확한 분리를 요구하며, 이러한 간격은 이상적인 영혼을 가정함으로써 가장 잘 보장된다. 이제 그러한 영혼이 오직 주체는 될 수 있지만, 결코 객체가 될 수는 없다.

만약 우리가 이상적인 영혼을 우리의 사유의 대상으로 삼는 것이 금지되어 있다면, 이는 불충분한 제외의 단정(Negation)을 구성한다고 말할 수 있다. 또한 이것은 엄격한 결정론을 위해 지불하는 대가치고는 너무 비싼 것일지 모른다고 덧붙일 수 있다. 하지만 이 대가는 비 결정론자들이 그들의 우주관을 성취하기 위해 지불하는 대가에 비하면 그렇게 비싼 것은 아니다. 비결정론 자들은 개개의 경우에 유효한 법칙들을 세우려는 시도를 단념하기 때문에, 이들은 훨씬 빠른 단계에서 지식을 향한 그들의 충동을 억제하지 않을 수 없게 된다(단념의 정도가 너무 놀랄만하여, 어떻게 하여 그토록 많은 물리학자가 비 결정론주의를 신봉한다고 천명해 왔는가 하는 의문을 품게 된다). 필자가 오해를 살지도 모르지만, 이러한 설명은 심리학적 특성을 보인다고 추측한다. 과학에서 어떤 새로운 중요한 착상이 생겨날 때마다 그것은 모든 방향에서 시험 된다. 그래서 만약 그 착상이 가치가 있는 것으로 알려지면, 그것을 가능한 한 포괄적이고 또한 자체로서 완비된 지식 체계의 토대로 만들려는 시도가 이루어진다. 상대론의 숙명이 그러했고 양자론의 현재 조건이 그러하다. 현 단계에서는 양자 역학이 파동 함수에 관한 학설에서 그 절정에 이르는데, 이러한 이유로 파동 함수에 어떤 결정적인 의미를 부여하려는 경향이 있다. 이제 파동 함수는 그 자체로서 단지 하나의 가능한 크기일 뿐이며, 따라서 이 확률을 찾는 것이 궁극적이자 가장 중요한 업무라고 하는 주장이 시도된다. 이러한 방법으로 확률의 개념은 물리학 전체의 궁극적인 토대가 되었다.

필자는 이런 방법으로 문제를 체계화하는 것이 미래에도 계속하여 만족스러울 것 같지는 않다고 생각한다. 심지어 그 법칙들이 물리 법칙들보다도 훨씬 더 대단한 정도까지 확률을 선포하는 지성의 영역에서마저도, 어떠한 개개의 사건의 인과적 근원이 밝혀질 때까지는 그 사건이 완벽하게 그리고 과학적으로 설명되었다고 간주하지는 않는다. 자연 과학의 영역에서 인과율에 대한 의문이 계속하여 배제될 수 있다고 입증될 확률은 매우 적다.

사실 인과 법칙은 그것이 논리적으로 반박될 수 없듯이 또한 증명될 수도 없다. 그것은 옳지도 그르지도 않다. 그것은 발견적 원리(Heuristic Principle)[1]이다. 그것은 방향을 가리키며, 또한 필자의 견해로는 그것이 혼란스러운 사건들을 헤쳐나갈 길을 찾기 위해, 그리고 과학적 연구가 어느 방향으로 진행되어야 유효한 결과를 얻을 수 있는가를 알기 위해서 우리가 가진

---

1) 사실을 발견하는 데 도움이 되는 원리. 사실을 탐구해 가는 과정에서 그 진위를 유보한 채 잠정적으로 채택하는 가설

가장 귀중한 지침이라고 본다. 인과 법칙은 깨달아 가는 어린
아이의 영혼을 붙잡고 그로하여금 끊임없이 문제의식을 느끼게
한다. 그것은 과학자의 전 생애를 통해 그를 동반하여 쉴 새
없이 그의 앞에 새로운 문제들을 가져다 놓는다. 과학은 어떤
지식의 몸체에 기대어 게으르게 휴식을 취하는 것을 뜻하지는
않는다. 과학은 쉬지 않는 노력을 의미하며, 시적인 영감으로나
이해할 수 있을까. 지성으로써는 결코 완전히 파악할 수 없는
목표를 향해 끊임없이 진행되는 발전을 뜻한다.

Ⅲ.
과학적 관념 : 그 근원과 결과

Ⅲ.
과학적 관념 : 그 근원과 결과

이 장의 주제에 관한 몇 마디 설명으로써 시작하는 것이 좋을 것 같다. 과학적 관념의 근원과 결과는 다소 일반적이면서도 좀 방자한 주제로 보일지 모른다. 자연 과학의 관념이라는 것으로 제한하는 것이 더 좋았을 걸 하는 제안도 있을 수 있겠다. 하지만 자신을 그렇게 한정시키다 보면, 여기서 다루고자 하는 관념들이 필자가 불필요하고 부자연스럽다고 생각하는 방식으로 제한되어 버릴 수 있다. 정확히 보면, 학문은 자체로서 완비된 단일체(Unity)이다. 그것은 다양한 부문으로 분할되어 있다. 그러나 이 분할이 자연성에 기초를 둔 것은 아니고, 우리가 일을 나누어서 하게 하는 인간 마음의 한계에서 비롯된다. 실제로 물리학 및 화학으로부터 생물학 및 인류학까지, 그리고 거기서부터 인문 및 화학으로부터 생물학 및 인류학까지, 그리고 거기서부터 인문 및 사회 과학까지는 하나의 연속된 사슬로 연결되어 있으며 이 사슬은 약간의 변덕은 있지만, 어느 곳에서도 끊어질 수 없다. 다시금, 다양한 부문에서 사용되는 방법들을 자세히 고려해 보면 그것들은 하나의 강한 내면적인 유사점을 갖는다는 것을 발견한다. 만약 그것들이 달라 보인다면, 그 이유는 오직 그것들이 다루는 각기 다른 문제들에 적응해야 하기 때문이다. 이 내면적인 유사점은 최근 들어 학문의 전반에 대단히 유리하게끔 점점 더 명백해져 간다. 따라서 물론 우리가 좀 더 특수한 적용을 해야 할 때는 자신의 문제들 만에 국한하는 경향을 보이게 되겠지만, 시작은 일단 학문 전반에 적용되는 고려 사항부터 할 수 있다고 본다.

하나의 과학적 관념이 어떻게 생겨나고 그 특성은 어떠한가에 관한 질문에서부터 시작해 보자. 이러한 질문을 하는 데서 물론 우리는 연구자의 마음과 더욱이 넓게는 그의 잠재 의식적인 마음속에서 생겨나는 정교한 심적 과정들을 분석하려고 들수는 없다. 이러한 과정은 비록 그것이 가능하다고 할지라도 단지 제한된 정도까지만 밝혀질 수 있는 비밀에 속하며, 또한 이들 과정의 깊은 본질을 연구해 보려 한다는 것은 어리석은 일임과 동시에 무모한 일일 것이다. 우리가 할 수 있는 최선은 명확한 사실들에서 시작한다는 것인데, 이는 어떤 학문 분야에 영향력을 미치는 것으로 실제 입증된 그러한 관념들을 연구한다는 뜻이며, 이것은 다시 그러한 관념들이 처음에는 어떤 형태로 생겨났으며 그때의 내용은 어떠했는가를 묻는다는 뜻이 된다.

그러한 연구의 첫 결과는 다음 법칙의 발견이다. 즉, 학자의 마음속에 형성되는 어떠한 과학적 관념도 구체적인 경험이나, 발견, 관측, 또는 어떤 종류의 사실—그것이 물리적 측정이든 천문학적 측정이든, 화학적 관찰이든 생물학적 관찰이든, 또는 고문서를 통한 발견이든 어떤 소중한 고대 유물의 발굴이 되든 상관없이—에 기초를 둔다. 관념의 내용은 이러한 경험이 학자의 마음속에서 어떤 다른 경험들과 비교되고 그것들과 접속되는 과정에서 이루어진다. 다시 말해서, 그것은 이러한 경험의 옛것과 새로운 것 사이의 연결을 형성함으로써, 지금까지 막연히 공존해 오던 많은 사실이 이제는 명백히 밀접한 관계에 놓인다는 사실에 있다. 이렇게 형성된 상호 관계가 일련의 동질적 사실들에 더욱 일반적으로 적용될 수 있다면, 관념은 알찬 것이 되고 따라서 과학적 가치를 얻게 된다. 왜냐하면, 상호 연결의 형성은 질서를 창조하고, 질서는 과학적 우주관을 단순화하여 완성하기 때문이다. 그러나 가장 중요한 것은 새로운 관념을 그대로 고스란히 적용하는 일이 새로운 의문을 유도하며, 따라서 새로운 연구를 그리고 새로운 성공을 유도한다는 점이다. 그리고 이것은 문헌학자가 내세운 설명에서 못지않게 물리학자들의 가설들에서도 옳다.

이제 위의 사항을 약간 세부적으로 예시하고자 한다. 그러한 과정에서 우리는 우리 고유의 물리학 문제에 국한할 필요가 있다. 관점의 각도가 다소 제한될 수 있는 반면에, 문제에 대해 더 명확한 해결의 실마리를 던져줄 수 있게 될 것이다.

갑작스럽게 출현했던 위대한 과학적 관념의 한 고전적인 예는 아이작 뉴턴 경의 이야기에서 발견된다. 사과나무 밑에 앉아 있던 그는 떨어지는 사과를 보고서 지구 주위를 운동하는 달을 떠올렸고, 그리하여 사과의 가속 운동을 달의 가속 운동과 연관시켰다. 이러한 두 가속 운동 사이의 관계가 달의 궤도 반경의 제곱과 지구 반경의 제곱 사이의 관계와 같다는 사실은 그에게 이 두 가속 운동은 하나의 공통 원인을 가질지 모른다는 관념을 떠오르게 했고, 그리하여 그에게 중력 이론을 위한 기초를 제공해 주었다.

비슷하게, 맥스웰(James Clerk Maxwell)은 전자기적으로 측정된 전류의 세기와 정전기적으로 측정된 전류의 세기를 비교하다가 이들 두 크기의 비가 광속의 크기와 숫자상으로 일치하는 것을 발견했고, 그리하여 그는 전자기파가 광파와 같은 본성을 갖는다는 관념을 구상해 냈다. 이러한 일치는 그의 빛에 관한 전자기 이론의 출발점이 되었다.

따라서 우리는 과학에서 생기는 모든 새로운 관념들의 특성은 그것이 어떤 원초적인 방법으로 두 개의 다른 부류의 명확한 사실들을 결합하는 것임을 발견한다. 그리고 비록 내용과 형식에 관해 어떤 차이점들이 나타날 수는 있겠지만, 이것은 모든 경우에 있어서 규명될 수가 있다. 그러한 차이점들은 결과에서 차이를 가져오고 또한 다른 과학적 관념을 초래할 것이다. 궁극적으로 과학의 공통된 특성이 되어 버린 일부 관념들은 당연지사로 여겨지게 되고 더 이상 강조되지도 않는다. 바로 앞에서 언급한 두 관념들의 운명이 그러했다. 즉, 달의 가속 운동과 지구 위의 중력 가속 운동 사이의 유사성에 관한 뉴턴의 관념이 그러했고, 빛의 전자기 특성에 관한 맥스웰의 관념이 그러했다. 그러나 사실 맥스웰의 관념이 수용되기까지는 꽤

많은 시간이 흘러야 했다. 처음에는 그것이 무시되는 경향을
보였는데, 거리가 떨어진 두 지점 사이일지라도 작용이 전달되
는 데는 시간이 전혀 걸리지 않는다는 가정에 기초한 웨버
(Wilhelm Weber)의 이론이 팽배해 있던 독일에서 특히 그러했
다. 헤르츠(Heinrich Hertz)가 초고속 전기 진동으로 그의 훌륭
한 실험을 하고 나서야 맥스웰의 이론이 당연히 얻어야 할 인
정을 받게 되었다.

영구불변의 과학적 유산이 되어온 또 다른 관념들로는 음파
가 역학적 특성을 가진다는 것과 광선 및 열선은 동일하다고
여기는 것 등이 있다. 물리학 선생들은 이러한 관념들을 너무
간단하게 다루는 경향이 있다. 그러나 이러한 관념들을 너무
간단하게 다루는 경향이 있다. 그러나 이러한 관념들이 평범한
것과는 거리가 멀었던 시절이 있었다는 점을 기억해야 한다.
광선과 열선이 같다는 것은 실로 4년 동안이나 격렬한 토론의
주제가 되었었다. 이 관념의 성공에 가장 큰 공헌을 했던 이탈
리아의 물리학자 멜로니(Macedonio Melloni)는 원래 반대자의
한 사람으로서 시작했었다는 것은 하나의 진기한 일, 즉 과학
적 가치는 그 이론적 해석에 무관하다는 것을 보여 주는 한 교
훈적인 예로 언급될 수 있다.

그러나 과학에서 한 역할을 맡은 대부분의 관념은 지금까지
열거한 것들과는 다르다. 지금까지 열거된 것들은 그 첫 모양
을 갖추었을 때부터 완벽했으며, 또한 앞으로도 항상 변함없는
타당성을 유지할 것이다. 다른 것들은 점진적으로 그들의 최종

적인 형태를 취해가며, 한동안 그 가치를 유지하다가 궁극적으로는 사라지거나 또는 다소 상당한 정도의 수정을 받게 된다. 이것들은 아주 흔히 수정에 저항하며, 저항의 강도는 과거에 성공적이었던 것일수록 강한 경향을 띤다. 어떤 경우에는 이러한 저항이 뚜렷하게 과학의 발전을 막기도 했다. 물리학에는 세부적으로 토의해 볼 가치가 있을지도 모를 이러한 몇몇 교훈적인 예들이 있다.

열의 본질에 관한 관념에서 시작해 보자.

열 이론 발전의 첫 단계는 열량 측정법에 있다. 그것은 열이 마치 각기 다른 온도를 가진 두 개의 물체가 접촉하고 있을 때, 언제나 뜨거운 물체에서 차가운 물체 쪽으로 흘러가는 미세한 물질과 같이 행동한다는 가정에 근거를 두었다. 이러한 과정 동안은 아무런 정량적 변화도 일어나지 않는 것으로 되어 있다. 아무 역학적인 효과가 개입되지 않는 한 이러한 가정은 잘 맞았다. 난점은 마찰이나 압축에 의한 열 생산에 있었고, 다음과 같이 가정함으로써 이를 극복하려고 노력했다. 즉, 물체의 열용량은 가변적이며, 따라서 마치 전체 물의 양은 변하지 않은 채로 젖은 스펀지로부터 물이 짜여 나오는 것처럼 열도 압축에 의해 물체로부터 빠져나올 수 있다는 것이다. 후에 열동력 체계의 고안으로 인하여 열로부터 역학적인 일을 생산하는 것을 지배하는 법칙들에 대한 문제가 더욱 시급하게 되었을 때, 카르노(Sadi Carnot)는 열로부터의 일의 생산을 중력으로부터의 일의 생산에서 유추하여 체계화하려고 했다. 높은 곳에서 낮은 곳으로 떨어지는 무게에 의해 일을 생산할 수 있듯이, 높은 온도에서 낮은 온도로의 전이도 같은 목적을 위해 사용될 수가 있다. 중력에서 얻어진 일이 물체의 무게와 높이차에 따라 변하듯, 열에 의해 생산된 일도 이동된 열량과 온도 차에 따라 변한다.

열에 관한 이러한 유물론자들의 이론은 물체 열용량의 실제로 압축과 마찰에 의해 영향을 받지 않는다는 실험적 사실로부터 타격을 받았다. 그리고 열은 마찰에 의해 손실되며 압축에 의해 새로운 열이 생산된다는 사실에 그 중요성을 둔 역학적 열당량의 발견으로 인해, 결국 유물론자들의 이론은 반박되었다. 열에 관한 옛 이론들은 그리하여 비논리적인 결론으로 귀착되고 새로운 이론을 세우는 것이 필요하게 되었다. 이 일은 반박되었다. 열에 관한 옛 이론들은 그리하여 비논리적인 결론으로 귀착되고 새로운 이론을 세우는 것이 필요하게 되었다. 이 일은 클라우지우스(Rudolf Clausius)의 많은 고전적 연구에서 진행되었으며, 거기에서 열역학 제2법칙의 기초가 마련되었다. 이 법칙은 어떤 방법으로도 역행이 되지 않는 비가역 과정이 존재한다고 전제한다. 열전도, 마찰, 확산 작용 등이 이러한 과정에 속한다.

하지만 온도가 높은 곳에서 낮은 곳으로의 열 이동의 높은 위치에서 낮은 위치로의 무게의 낙하와 유사하다는 취지의 카르노 이론은 그렇게 쉽게 반박되지 않았다. 어떤 물리학자들은 클라우지우스의 관념들이 불필요하게 복잡하고 모호하다고 생각했고, 또한 어떤 이들은 여러 종류의 에너지 중에서도 열에너지에 독보적인 위치를 부여해 준 비가역성의 개념 도입을 특히 반대했다. 이에 따라 그들은 클라우지우스의 열역학에 대항하여 에네르기론을 구성했다. 이 이론의 첫째 법칙은, 에너지의 보존을 천명한다는 데서 클라우지우스의 것과 일치한다. 그러나 사건의 의미를 암시하는 둘째 법칙은, 고온에서 저온으로의 열 이동이 높은 곳에서 낮은 곳으로의 무게의 낙하나 전기적 위치 에너지가 높은 곳에서 낮은 곳으로의 전류의 흐름과 철저히 비슷하다는 가정을 했다. 따라서 둘째 법칙을 증명하기 위해 비가역성은 불필요한 것이라고 주장되기에 이르렀다. 또한 온도는, 그 상대 값은 측정될 수 있지만 절대 값은 측정될 수 없는 높이나 위치 에너지 등을 닮았다는 것이 지적되면서 절대 온도 0도의 존재가 부인되었다. 추는 평형점을 중심으로 진동하고, 음과 양으로 대전 된 두 전도체 사이를 지나는 전기 불꽃도 진동하지만, 그러나 열이 통과하는 두 물체 사이에는 열 진공과 같은 그러한 일들이 일어나지 않는다는 사실에 놓여 있는 본질적인 차이점이 에네르기론자들에 의해서는 부적절한 것으로 간주 되었고 조용히 무시되어 버렸다.

지난 세기의 80년대와 90년대에 필자도, 자신이 실제로 우수한 개념을 가지고 있다고 확신을 하면서도 단순히 자신의 목소리가 과학계의 주의를 뜰 만큼 크지 않다는 이유로, 자신에 의해 진전된 모든 훌륭한 논지가 무시되고 마는 것을 발견하는 한 학생의 느낌이 어떤 것이었는가를 경험했었다. 오스트발트(Wilhelm Ostwald)나 헬름(Georg Helm), 그리고 마하(Ernst

Mach) 등과 같은 사람들이 이러한 예에 속한다.

변화는 전체적으로 다른 쪽에서 시작되었다. 원자론이 꿈틀 거리기 시작한 것이다. 원자론의 개념은 극히 오래된 것이지만, 그 적절한 체계화는 역학적 열당량의 발견과 대략 같은 시대에 시작된 기체 운동론에서 그 모양을 갖추었다. 에네르기론자들 은 처음에 이 이론을 격렬하게 반대했고, 그로 인해 이 이론의 존재는 움츠러지게 되었다. 그러나 지난 세기말의 실험적 연구 에 의해 이 이론의 급속한 성공이 이루어졌다. 원자론적 관념 에 의하면, 뜨거운 물체에서 차가운 물체로의 열의 이동은 무 게의 낙하 운동을 닮은 것이 아니라, 용기 안에 층층이 담아 둔 두 종류의 다른 분말이 용기를 계속하여 흔들어 주면 결국 서로 섞이게 되는 것과 같은 하나의 혼합 과정과 비슷하다. 혼 합 과정에서 분말이 완전히 섞인 상태와 완전히 나뉘어 있는 상태 사이를 진동하는 일은 생기지 않는다. 변화는 어느 정도 까지만, 즉 완전히 섞이는 방향으로만 일단 일어나고 그리고는 끝이다. 즉, 이 과정은 비가역적이다. 이러한 실마리로부터 열 역학의 제2법칙은 통계적 본질을 갖는 것으로 발견되었다. 그 것은 확률을 말한다. 이러한 견해를 지지하고 또한 실로 모든 의혹을 초월하게 해준 논지를 잘 서술해 준 사람이 바로 필자 의 동료인 라우에(Max von Laue)이다.

위에 묘사된 역사적 전개는, 처음 볼 때는 다소 생소하게 비 쳤을지도 모를 한 사실의 예증으로 취급될 수 있다. 과학 혁신 이 그 과정에서 반대자들을 점진적으로 압도하여 그들을 개조

시키는 방법으로 성공을 거두는 예는 거의 없다. 사울이 바울이 되는 일은 거의 일어나지 않는다. 다만 그 반대자들이 점차 사라져 가고 자라나는 세대는 시작부터 그 혁신적인 개념에 친숙해질 뿐이다. 이는 미래가 젊은이들에게 달려 있다는 사실의 또 다른 예가 된다. 이런 이유로 학교 교육의 적절한 계획은 학문 진전의 가장 중요한 한 조건이다. 따라서 이 점에 대해 간단히 다루고자 한다.

학교에서 무엇을 가르치느냐보다는 그것이 어떻게 가르쳐지느냐가 더 중요하다. 그 참뜻을 파악하지 못한 채 설사 열 개의 공식을 암기하고 심지어 그 적용 방법까지 알고 있다고 해도, 이는 한 개의 수학 명제를 진실로 이해하고 있는 것보다 못하다. 학교의 기능은 사무적이고 틀에 박힌 절차를 가르치는 것보다는 오히려 논리적이고 조직적인 사고를 터득하게 하는 것이다. 지식보다는 일을 할 수 있는 능력이 궁극적으로 더 중요하다는 데는 반론이 제기될 수 있다. 사실 지식은 실천되지 않으면 무가치하며, 이는 마치 어떠한 이론도 궁극적으로는 그 각별한 적용 때문에 중요하다는 것과 같다. 하지만 틀에 박힌 절차가 이론을 대치할 수는 결코 없다. 그 이유는, 법칙에서 어긋난 경우에 이르면 절차는 깨지고 말기 때문이다. 따라서 좋은 교육이 이루어지려면 첫째의 필수 요건은 철저한 기초 교육이다. 여기서 중요한 것은 가르치는 양이라기보다는 오히려 논법 양식이다. 학교에서 이러한 기초 교육이 이루어지지 않으면 나중 단계에서 이를 얻는 일은 힘들다. 전문대학이나 대학 과정에서의 교육 임무는 따로 있기 때문이다. 그리고 나서 최종적이자 최고의 교육 목표는 지식이나 일을 하는 능력이 아니라 실천적인 행동이 된다. 이제 실천적 행동에는 반드시 행동할 수 있는 능력이 선행되어야 하며, 능력은 지식과 이해를 요구한다. 즉각적인 선풍을 일으키는 모든 혁신에 매우 많은 관심을 보이는 격변기의 현세대는, 꽃이 채 피기도 전에 과일을 따려는 어리석음을 과학 교육에서 범하고 있다. 대중은 중등학교의 교과 과정이 최근의 과학 연구 문제들을 담고 있다는 데서 호의적인 인상을 받는다. 하지만 그러한 시행은 극히 위험하다. 문제가 철저히 다루어지지 못할 수도 있고, 그 결과, 피상적인 지식을 초래하거나 지식에 대한 텅 빈 긍지만을 쉽게 가져올 수 있다. 만약 중등학교에서 상대론이나 양자론을 다룬다면 그것은 극히 위험하다고 생각한다. 특별히 천부적인 학자들은 항상 예외적인 취급을 해야 하겠지만, 그렇다고 해서 교육 과정이 그렇게 설정되어서는 안 된다. 오늘날 물론 에너지 보존 법칙이 핵물리학에서 서슴없이 받아들여지고 있기는 하지만, 이 법칙의 보편타당성과 같은 문제를 그 법칙의 잠재적인 전망은 물론이고 그 관련 의미도 제대로 파악할 수 없는 학생들 앞에서 토론하려고 하는 어떠한 시도도 필자는 명백히 비난할 것이다.

그러한 최신식 교육 방법의 결과가 어떤 것인가는 오늘날 우리가 종종 정밀과학의 쇠퇴를 거론하는 방식을 고려해 보면 명백해진다. 에너지의 무제한 생산이라든가 신비의 지구광의 활용 등을 목표로 한 장치들의 고안에 열을 올리고 있는 발명꾼들이 많이 있다는 것이 오늘날 팽배해 있는 혼란의 특성이다. 더욱더 놀라운 것은 진실로 가치 있고 희망에 찬 과학적 연구들은 재원이 부족하여 막혀 있거나 실제로 중단된 반면에, 귀가 얇은 많은 사람은 그러한 발명꾼들에게 막대한 기금을 제공하고 있다는 것이다. 철저한 학교 교육이 여기서는 좋은 치료 방법이 될 것이며, 이는 발명꾼들 못지않게 후원자들에게도 적용될 것이다.

본론으로 돌아가서 또 다른 물리적 관념에 대해 간단히 다루고자 한다. 이 관념의 변천사는 심지어 열 이론의 변천사보다 더 교훈적일 수 있는데, 바로 빛의 본질에 관한 관념이다.

빛의 본질에 관한 연구는 그 속도의 측정에서 시작되었다. 뉴턴의 방사 이론을 유도해 준 관념은 광선과 물의 분출 사이의 비유를 확립시켰다. 즉, 광속은 직선을 따라 나는 미세한 물방울들의 속도와 비유된다. 그러나 이러한 가설은 빛의 간섭 현상, 즉 어떤 한 점에서 만나는 두 개의 광선이 어떤 상황에서는 그 지점을 어둡게 만든다는 사실을 설명할 수 없었다.

이에 따라 방사 이론은 포기되고 그 자리에는 하위헌스의 파동론이 들어섰다. 그 근본 개념은 빛의 전파는 마치 수면파가 원점으로부터 모든 방향을 향해 동심원을 그리면서 퍼져 나가는 것과 같다는 것인데, 물론 이때의 속도는 물 입자들의 속도와는 어쨌든 무관하다는 것이다. 이 이론은 간섭 현상을 완벽하게 성공적으로 설명해 준다. 즉, 두 파가 서로 만날 때 한 파의 마루가 다른 파의 골과 만나면 서로 상쇄될 수가 있다. 그러나 이 이론도 역시 한 세기를 지속하지 못했다. 파동론으로는 짧은 파장을 가진 광선들이 먼 거리에서 미치는 효과를 설명할 수가 없었다. 빛의 강도는 거리의 제곱에 비례하여 감소한다. 따라서 만약 빛이 모든 방향으로 동등하게 발산된다면, 어떻게 하여 광선이 심지어 매우 먼 거리까지도 그 강도에 전적으로 무관한 에너지를, 그리고 X선이나 감마선 등과 같은 단파의 경우에는 상대적으로 꽤 상당한 양의 에너지를 생산할 수 있는가에 대해 도저히 이해할 수가 없다. 강도가 극히 약함에도 불구하고 그처럼 강력한 효과를 낸다는 것은 빛에너지가 독특한 불변의 입자들 또는 광자들에 집중된다고 상상했을 때만 이해될 수가 있다. 어떤 의미에서 이것은 광입자에 대한 뉴턴의 가설로의 복귀이다.

그렇게 되면 우리는 현재 매우 불만스러운 위치에 서게 된다. 마치 막상막하의 두 강력한 적수들처럼 두 개의 이론이 대치하여 있다. 각각 날카로운 무기를 가지고 있고 또 각각 취약점도 가지고 있다. 궁극적인 결과를 예측하는 것은 어려운 일이지만, 어느 이론도 완벽한 성공을 거두지는 못할 것이라고 말하는 것이 아마 옳을 것 같다. 우리가 개개의 가설 주장과 결점을 조사할 수 있는 더 나은 입장에 서려면 시간이 필요할 것 같다.

아마 우리가 모든 경험의 근원에 대한 탐구를 강화할 때만 그러한 입장에 설 수 있을 것이다. 현재의 경우 이것은 우리의 주의를 광학적 현상의 측정으로 돌리는 것을 의미한다. 이는 다시 우리의 연구를 실제 측정 장치들로 돌린다는 것을 뜻하는데, 이는 전체를 물리학 쪽으로 도입하는 것으로 기술될 수 있기 때문에 원칙적으로 대단히 중요한 단계이다. 이러한 원칙에 의하면, 광학 현상에 관한 법칙들은 오직 빛이 만들어져 퍼져 나가는 점에서의 물리적 사건뿐만 아니라 측정 과정의 특수성들까지도 연구되었을 때만 완전히 이해될 수 있다. 측정 장비들은 단순히 거기에 입사하는 광선들을 기록하는 수동적인 감지기일 뿐만 아니라, 측정이라는 사건에서 능동적인 역할도 하며, 또한 그 결과에 대해 인과적인 영향도 미치게 된다. 측정 과정도 물리계의 일부를 구성한다고 취급될 때만, 우리가 고려 중인 물리계는 법칙에 따르는 전체를 구성하게 된다.

이러한 방식이 어떠한 진전을 가져오느냐는 어려운 질문이며, 미래를 위해서 매우 중요한 문제이다. 그 중요성을 인식하기 위해 조사의 범위를 넓혀 보고, 광학의 특수 조건들을 뛰어넘어 더 일반적인 관점에서 문제에 접근해 보고자 한다.

과학적 관념의 변화를 자신 있게 예측하는 것이 과연 가능한가? 과학적 관념의 발전을 지배하는 어떤 어림 법칙마저 존재한다는 주장이 가능한가? 사건들의 역사적 발전을 돌아보면, 우리는 그러한 법칙의 존재를 의심하고 싶어진다. 많은 중요한 관념들은 어두운 그늘에 묻힌 채 그 존재가 시작되었으며, 많은 이들은 그것들을 이해하지 못했고 기껏해야 시대에 앞선 몇몇 학생들에 의해 어렴풋이 예측되는 정도였다. 그러나 일단 인류가 그리고 많은 다른 지역에서 동시에 소생되었다. 에너지 보존 원리는 그 초보적인 형태로 존재하던 몇 세기 전으로 더듬어 올라갈 수 있다. 그러나 지난 세기 중반에 와서야 전혀 서로 관련 없던 4~6명의 학생에 의해 이 원리의 과학적인 실제 기초가 거의 동시에 이루어졌다. 아마 마이어(Julius Robert Mayer)나 줄(James Prescott Joule), 콜딩(Ludwig August Colding), 헬름홀츠(Hermann von Helmholtz) 등이 그 시대에 존재하지 않았더라도, 우리는 에너지 보존 원리가 어쨌든 얼마 가지 않아 발견되었으리라고 주장할 수 있을 것이다. 만약 사건 후의 그러한 예측은 다소 값싸다는 자명한 말대꾸를 각오한다면, 현대 상대론이나 양자론의 기원도 매우 비슷하다고 감히 주장할 수 있을 것이다. 그렇게 될 것이라는 필연적인 이유는, 실험의 확산 및 측정 방법의 개선과 함께 이론적 연구가 거의 자동으로 어떤 한 방향으로 지향되어 왔다는 사실에 있다고 생각한다.

하지만 과학적 관념의 성장과 결과를 지배하는 법칙들이 미래를 위해 정확한 공식으로 언젠가는 낙착될 수 있다고 가정하는 것만큼이나 큰 오류도 없을 것이다. 궁극적으로는 어떠한 새로운 관념도 저자의 상상에서 나온 작품이며, 이러한 맥락에서 볼 때, 그 진행 과정은 심지어 가장 정확한 학문인 수학에서까지도 어떤 점에서 불합리한 요소들에 얽매이게 된다. 불합리도 모든 지성의 조직 내에서 하나의 필요한 구성 요소이기 때문이다.

관념은 경험에서 비롯된다는 것을 명심한다면, 우리는 그토록 많은 새로운 사건들이 있는 현재야말로 많은 관념들의 생산과 공표를 위한 기름진 땅이라는 것을 당연하다고 볼 것이다. 더 나아가 하나의 관념이 체계화될 때마다 두 개의 다른 사건들 사이의 관계가 세워진다는 것을 고려해 보면, 조합 법칙 공식만으로도 우리는 가용한 사건 수의 수십 배가 되는 관념들이 있을 수 있다는 것을 알게 된다.

오늘날 나오는 과학적 관념의 숫자가 엄청나다는 것을 설명해 주는 또 하나의 사정은 아마 실업률의 증가로 인해 생산적인 일을 하고 싶어 하는 많은 산 지성들이 있다는 사실에 있을 것이다. 이들은 일상생활의 공허감에서 쉽게, 그리고 만족스럽게 탈출하는 한 방편으로 일반 이론적인 철학 문제들에 몰두하기를 좋아한다. 그러나 불행히도 가치 있는 결과는 극히 드물다. 과장하지 않더라도 필자는 선생, 공직자, 작가, 변호사, 의사, 공학자, 건축가 등의 전문인들로부터 필자의 소견을 요청하는 한 개 이상의 길고 짧은 논문들을 받지 않으면 한 주가 지나가지 않을 정도이다. 이것들을 철저히 다 검사하다 보면 필자의 여가를 모두 빼앗고도 남을 것이다.

이러한 편지들은 두 가지 부류로 나뉠 수 있다. 그중 하나는 천진난만하기 그지없는 것인데, 그러한 편지들의 작가들은 새로운 과학 관념이 가치를 가지려면 확실한 사실들에 기초를 두고 있어야 하며, 그리하여 그것들의 체계화에는 전문 지식이 필수적으로 된다는 것을 전혀 고려하지도 않았다. 또한 이들은 모든 중요한 발견의 이면에는 개인의 열성적인 노력의 기간이 있었다는 것은 생각해 보지도 않은 채, 자신들은 진실을 직접 뚫어 볼 수 있는 훌륭한 예언자적 자질을 가졌다고 상상한다. 이러한 사람들은 뉴턴이 사과나무 밑에 앉아서 만유인력의 개념을 받았던 것과 같은 식으로 행운의 여신이 자기들이 원하는 과일을 자기의 무릎 위로 떨어뜨려 줄 것이라고 상상한다. 더 나쁜 것은, 이들 몽상가는 그저 수박 겉만 핥고 있을 뿐 깊이 있게 들어가 보려고 하지 않으며, 또한 과학적으로 너무 무지하여 자신들의 오류를 볼 능력이 없다는 점이다. 이들로부터 유출되는 위험성을 과소평가해서는 안 된다. 오늘날의 젊은이들이 일반적인 문제들과 만족스러운 생활관의 습득에 점점 더 많은 관심을 보인다는 것은 매우 만족스러운 일이지만, 그러나 바로 이런 이유로, 그러한 견해가 현실적으로 확고한 기반이 없으면 그것은 허공에 뜬 채 갑작스런 파멸의 운명에 처하게 된다는 것을 결코 잊어서는 안 된다. 과학적 세계관을 얻고자 한다면, 누구든지 반드시 사실들에 대한 지식을 먼저 획득해야 한다.

오늘날에는 학생 개인이 더 이상 모든 학문 부문들에 대해 포괄적인 관점을 형성할 수 없기 때문에, 대부분의 경우에 간접적으로 자기의 지식을 쌓아가야만 한다. 더욱더 중요한 것은, 학생은 한 분야에서 반드시 정통한 사람이 되어야 하고, 그 자신의 주제에 대해 독립적인 판단을 가져야 한다는 것이다. 필자는 철학 교수의 한 사람으로서 개인적으로, 박사 학위 후보자는 반드시 주어진 전문 학과에서 전문 지식을 가지고 있다는 증거를 제시해야 한다고 항상 주장해 왔다 그 분야가 자연 과학에 속하느냐 또는 인문 과학에 속하느냐는 그리 중요하지 다. 중요한 것은 후보자는 반드시 실질적 연구를 통해 과학적 방법에 대한 관념을 습득해야 한다는 것이다.

바로 앞에서 언급한 부류의 논문에 대해 그 무가치성을 보이는 것은 일반적으로 쉽다. 그러나 두 번째 부류의 논문에는 훨씬 더 진지한 주의가 요망된다. 그 이유는, 그 저자들이 자기네 전문 분야에서 훌륭한 연구를 해내는 진지한 학생들이기 때문이다. 과학적 연구의 범위가 오늘날과 같이 다양화됨에 따라 전문성이 계속 더욱 강화되고, 그 결과 더 진지한 학생들은 자신의 전문학과의 범위를 뛰어넘어 자신이 습득한 지식을 따른 학문 분야에 적용해 보려는 욕망을 경험하게 된다. 그리하여 학생들은 자신들이 확신하는 한 가지 개념으로써 두 개의 독립적인 분야를 연결해 보려는 경향을 보이는데, 이러한 방법으로 그들은 그 자신의 영역에서 익숙해진 법칙과 방법들을 그가 이해하고자 하는 이질적인 영역으로 전이 시켜 본다. 특히 수학자와 물리학자, 화학자들 사이에서는 생물학이나, 심리학, 그리고 사회학의 문제들에 실마리를 주기 위해 자신들의 정확한 방법들을 사용하려는 경향이 있다. 하지만 그러한 새로운 지적 교량이 확고한 것이 되려면 양쪽 기둥이 안전하게 세워져야 하며, 다른 기둥들 역시 적절히 세워지지 않으면 그 목적을 이룰 수가 없다. 다시 말해서, 어떤 재간 있는 학생이 그의 원래 과목에 철저히 익숙해지는 것만으로는 충분하지가 않다. 만약 그가 더욱 광범위한 개념의 결실을 원한다면, 그는 또한 그의 개념을 적용하려는 다른 세계의 사실들과 문제들에 대한 지식도 가져야만 한다. 이러한 것들은 더욱더 강조되어야 마땅한데, 그 이유는 모든 전문인들은 거기에 들인 시간과 그가 마주친 남점들에 비례하여 자기들의 전문 분야의 중요성을 과장하는 경향이 있기 때문이다. 그들은 일단 문제의 해답을 발견하면, 그 범위를 과장하여 이를 전혀 다른 본질을 가진 경우의 해결에 적용하려는 경향을 보인다. 자신의 고유의 제한된 범위가 허용하는 것보다 더 높은 견지를 취하고자 하는 사람들은 반드시 다른 학문 분야에도, 비록 방법은 다르지만 똑같은 어려움 아래서 똑같은 관심을 가지고 연구 중인 학생들이 있다는 것을 결코 잊어서는 안 된다. 모든 학문의 역사에서 우리는 이런 법칙이 얼마나 자주 무시되어 왔는가를 볼 수 있다. 하지만 이러한 예를 선택하면서 바로 앞에서 비평한 오류를 피하고자 필자는 물리학에 국한하고자 한다.

더 일반적인 물리 관념들 가운데는 관념들의 어떤 연상—아주 흔히 가변적인 외부 조건에만 의존하는 연상—을 통하여 다소 기술적으로 다른 분야에 전이되어 보지 않은 것이 실제로 없다. 그리하여 '에너지'라는 용어가 학생들로 하여금 에너지의 물리학적 개념 및 그와 함께 에너지 보존 원리 등을 담은 물리적 명제를 심리학에 적용하도록 유도하며, 또한 인간의 행복의 원인 및 행복의 정도를 어떤 수학적으로 공식화된 법칙들에 맞추어 보려는 진지한 시도들이 행해져 왔다. 상대성 원리를 물리학 밖의 것들, 즉 심미학 또는 심지어 윤리학에까지 적용해 보려는 시도에 대해서도 마찬가지다. 그러나 '모든 것이 상대적이다'라고 하는 무의미한 문장만큼 현혹적인 것은 없을 것이다. 이 명제는 심지어 물리학에서마저 적용되지 않는다. 전자나 양성자의 질량이나 전하량, 또는 플랑크의 양자 등과 같은 이른바 모든 보편 상수들은 절대적인 크기들이다. 그것들은 원자론의 골격을 이루고 있는 고정된 불변의 구성 요소들이다. 물론 한때 절대적이라고 간주하였던 크기가 종종 상대적인 것으로 후에 발견되곤 했지만, 그러나 이런 일이 생길 때마다 또 다른 더욱 기본적인 절대적 크기가 이런 일이 생길 때마다 또 다른 더욱 기본적인 절대적 크기가 이를 대처했었다. 절대적인 크기들이 존재한다는 가정이 없이는 아무 개념도 정의될 수 없고 또한 아무 이론도 세워질 수가 없다.

열역학 제2법칙인 엔트로피 증가의 법칙도 종종 물리학 이외의 것들에 적용되어 왔다. 예를 들면, 모든 물리적 사건은 한 방향으로만 일어난다는 법칙을 생물학적 진화에 적용해 보려는 시도가 이루어져 왔는데, 진화라는 용어가 향상이나 완성 또는 진보 등과 관련되어 있는 한, 이것은 매우 불행한 시도가 된다. 엔트로피 법칙은 오직 확률만을 다룰 수 있으며 자체로서 확률이 낮은 한 상태는 평균적으로 확률이 더 높은 다른 상태로 바뀌어 간다고 말하는 것이 고작인 그러한 법칙이다. 생물학적으로 해석하면 이것은 진보라기보다는 퇴보이다. 왜냐하면 혼돈, 평범, 흔함 등은 항상 조화나 비범, 귀함 등보다 확률이 높기 때문이다.

우리가 고려해 온 이러한 현혹적인 관념들 이외에도, 자세히 관찰하면 전혀 의미가 없어 보이는 관념들로 구성된 또 다른 부류가 있다. 이것들도 역시 물리학에서 매우 중요한 역할을 한다. 양성자 주위의 전자의 운동과 양성자 주위의 전자 운동과 태양 주위의 행성 운동과의 비유는 연구자이 전자의 속도를 연구하도록 만들었다. 그러나 이 두 가지 문제에 동시에 답하는 것은 완전히 불가능하다는 것이 훗날의 연구에서 밝혀졌다. 다시 한번 우리는 한 분야에서 그 진가를 인정받은 관념들이나 명제들을 다른 분야로 적용하는 데 따르는 위험을 보고 있으며, 아울러 어떤 새로운 관념을 시험하고 체계화하는 데는 얼마나 많은 주의가 요구되는가를 인지한다.

문제에 대한 한 가지 이론적 측면이 있는데, 지금이 언급하기에 가장 적절할 때이다. 만약 어떤 새로운 관념의 정당성이 명확히 입증되었을 때만 우리가 그것을 수용할 수 있다고 한다면, 또는 심지어 그것은 출발부터 명쾌하고 분명한 의미를 가져야만 한다고 요구한다면, 그러한 요구는 과학의 진전을 심각하게 방해할 수 있다. 우리는 명확한 의미가 없는 관념들이 종종 과학의 장차 발전에 가장 강력한 추진력을 제공했다는 것을 결코 잊어서는 안 된다. 불로 장수약의 개념이나 비금속을 금속으로 변성시키려는 관념들은 화학을 탄생시켰다. 항구적인 운동에 관대한 관념은 에너지에 대한 명쾌한 이해를 불러일으켰고, 지구의 절대 속도의 관념은 상대론을 낳았다. 또한 전자의 운동이 행성들의 운동을 닮았다는 관념은 원자 물리학의 근원이 되었다. 이러한 것들은 논란의 여지가 없는 사실들이며, 또한 우리를 생각하게 만든다. 이것들은 다른 분야에서와 마찬가지로 과학에서도, 행운은 용감한 자의 편이라는 것을 명백히 보여 주고 있기 때문이다. 성공을 위해서는 궁극적으로 도달하게 될 것보다 더 높은 목표를 가지는 것이 좋다.

이런 점을 고려하여 살펴보면 과학의 관념들은 새로운 양상을 띠고 있다. 과학적 관념의 중요성은 아주 흔히 그 진위보다는 그 가치에 의존한다는 것을 본다. 이는 예를 들어 외계 우주의 존재 개념이나 인과율의 관념에 적용된다, 두 가지 모두에 있어서 문제는, 그것들이 사실이냐 허위냐가 아니라 그것들이 가치가 있느냐 없느냐이다. 이러한 사실은 만약 우리가 물리학과 같은 객관적인 학문의 가치는 우선 그것과 관련된 객체들에 전적으로 독립적이라고 생각한다면 더욱더 놀라워 보일 것이다. 또한 오직 우리가 물리적 관념의 가치를 고려할 때만 그 관념의 중요성이 완전히 개발될 수 있다는 것이 어떻게 있을 수 있는가 하는 질문이 생긴다.

필자의 소견으로는, 여기서 유일하게 가용한 방법은 우리가 광학을 다룰 때 따랐던 방법인데, 이것은 물리학뿐만 아니라 모든 학문 분야에 적용 가능한 것이다. 우리는 모든 학문의 근원으로 돌아가야 하며, 또한 모든 학문을 그것을 세워서 다른 사람들에게 전해 줄 어떤 사람을 필요로 한다는 것을 상기할 때 우리는 그렇게 한다. 그리고 이것은 또다시 전체의 원칙 도입을 의미한다.

원칙적으로 물리적 사건은 측정 장치나 그것을 인지하는 감각 기관으로부터 분리될 수가 없다. 비슷하게 학문은 그것을 탐구하는 연구가로부터 원칙적으로 분리될 수가 없다. 어떤 원자 과정을 실험적으로 연구하는 물리학자는 그가 그 과정의 세부적인 것을 뚫고 들어가는 정도에 비례하여 그 과정의 진행을 방해하게 되며, 또한 산 생물체를 그 가장 작은 부분들로 쪼개는 생리학자는 그것에 손상을 주거나 실제로 그것을 죽이게 된다. 같은 증거로서, 새로운 관념을 시험하는 데 있어서 그 의미가 선험적으로 어느 정도까지 명백한가에 관해 묻는 것으로 자신을 국한 시키는 철학자는 학문의 장차 발전을 방해한다. 따라서 모든 선험적인 관념을 거부하는 실증론이나 개별적인 경험을 비웃는 형이상학은 모두 편파적이라는 데서 일맥상통한다. 각각의 방법은 그 정당성을 가지고 있고 또한 일관성 있게 성취될 수도 있다. 그러나 극단에 도달하면, 비록 그것들은 학문의 진전을 위해서 그렇다고 하지만 어떤 본질적인 질문을 금지하기 때문에 실제로 학문의 진전을 마비시킨다. 실증론은 질문들이 의미 없다는 이유를 들고, 형이상학론은 그 답들이 이미 가용하다는 이유를 든다. 그것들 사이의 대결은 결코 어느 한쪽으로 기울지 않을 것이며, 역사의 과정에서 성공은 항상 이들 둘 사이를 오락가락해 왔다. 한 세기 전에 형이상학은 한때의 패권을 누리다가 이내 처절한 몰락으로 이어졌다. 오늘날에는 실증론이 선두 자리를 위해 힘쓰고 있는데, 그것도 형이상학이 실패한 것과 똑같이 이내 실패하고 말 것이다.

이러한 집요한 반목에 관해 괴테만큼 깊은 의식을 가졌던 사람은 없다. 괴테는 평생 그것에 애썼으며 또한 많은 다른 형태로 그것을 훌륭하게 표현했다. 그는 양쪽 관점에 공정한 전체의 관념을 빌어서 이러한 반목을 극복하려고 했다. 하지만 심지어 괴테의 매우 포용력 있는 정신마저도 시간의 제한에는 어쩔 수가 없었다. 그는 외계의 광선과 의식 속의 빛 감각 사이에는 아무런 차이가 없다고 주장했고, 따라서 그는 그 당시에 물리 광학에 의해 이루어진 빛나는 발전을 정당히 평가할 수가 없었다. 아무튼 오늘날 물리학에서 도입되는 전체의 관념을 고려해 보건대, 그가 살아 있다면 그는 아마 그가 생각했던 방식이 옳았음을 이러한 변화 속에서 확인할 수 있었을지도 모른다.

따라서 이미 여러 번 보아 온 것처럼 우리는 학문의 중앙에는 어떠한 지성이라도 풀 수 없고, 또한 학문의 과업을 정의함으로써 이를 제한하려는 어떠한 현대적 시도로도 제어할 수 없는 그러한 비합리적인 핵심이 있다는 것을 보게 된다. 처음에는 그러한 형세가 낯설고 불만족스러운 보일 수 있다. 그러나 곰곰이 생각해 보면 그럴 수밖에 없었다는 것을 볼 수 있을 것이다. 더 자세히 조사해 보면, 모든 학문은 그 시작이 아닌 중간의 임무에 집착하고 있으며, 또한 정말 그곳에 이를 수 있을지의 희망도 없이 다소 어렵게 그 출발의 문제를 향해 더듬어 나아가지 않을 수가 없다는 것을 보게 될 것이다. 학문은 이미 만들어진 관념들을 인위적으로 형성해야 하며, 그 완성되어가는 과정은 점진적이다. 학문은 삶으로부터 그 자료를 얻어내고 또한 삶에 영향을 미친다. 학문은 삶으로부터 그 자료를 얻어내고 또한 삶에 영향을 미친다. 학문의 추진력과 일관성 그리고 정당성은 그것에 작용하는 관념들로부터 나온다. 학생에게 그가 다룰 문제들을 가져다주고, 그가 쉬지 않고 연구할 수 있도록 채찍질하며, 또한 그가 얻는 결과들을 정확히 해석할 수 있게 해주는 것들이 바로 관념들이다. 관념이 없이는 연구는 맹목적으로 되고 정력만 소비하게 된다. 이상만 가지고는 물리학자를 실험가로, 사학자를 연대기 작가로, 그리고 문헌학자를 필적학자로밖에 못 만든다. 우리는 이미 어떤 관념의 진위 및 그것이 명확한 의미가 있느냐 아니냐에 대한 문제는 상대적으로 중요하지가 않다는 것을 보아왔다. 중요한 것은 그것이 유효한 연구의 근원을 이루어야 한다는 것이다. 다른 모든 문화 발전의 분야에서처럼 학문에서도 단체뿐만 아니라 개인의 건강과 성공에 대한 유일하고 확실한 기준은 바로 연구 업적이다. 따라서 학문에 적용되는 연구를 찬양하는 문구를 인용하는 것으로써 과학적 관념들의 성장과 결과에 관한 이러한 관측을 결론하고자 한다. 그것은 독일 공학자 협회가 그 이론적 실용 가치를 인정하면서 좌우명으로 삼은 것인데 다음과 같다.

"필요한 것은 연구이다."

Ⅳ.
학문과 신념

IV.
학문과 신념

한 해가 가는 동안에 우리는 대단히 많은 경험을 한다. 다양한 통신 수단의 향상으로 인해 우리는 멀리 또는 가까이로부터 끝없는 흐름 속에 엄습해 오는 새로운 느낌들을 받는다. 그들 중 많은 것은 도착하는 즉시 잊히며, 종종 하루도 안 되어 그 모든 흔적마저도 지워진다는 것은 사실이다. 또한 그래야만 한다. 그렇지 않으면 현대인은 수많은 느낌에 눌리어 질식하고 말 것이다. 하지만 하루살이 지성의 존재가 되지 않기를 원하는 사람이라면 누구나, 만화경과 같은 다양한 변화들에 의해 어떤 영구적인 요소, 즉 일상생활의 혼란스러운 주장들 속에서 자신에게 근거지를 제공해 주는 어떤 지속적인 지적 소유물을 추구하도록 하는 자극을 받게 된다. 젊은 세대에서는 이러한 자극이 종합적인 세상 철학을 향한 하나의 정열적인 욕망으로 나타난다. 그러한 욕구는 지친 영혼을 위한 평화와 안식이 있다고 믿어지는 모든 방향을 향한 시도를 더듬어 보는 데서 만족을 느낀다.

그러한 열망을 만족시키는 기능을 갖는 것이 바로 교회이다.

그러나 무조건 믿으라고 하는 그러한 요구는 오늘날 망설이는 사람들을 오히려 밀어내고 만다. 이런 사람들은 다소 미심쩍은 대용품에 의지하고 있어서, 새로운 복음을 설교하는 것으로 보이는 많은 예언자 중의 어느 하나의 품에 서둘러 안기게 된다. 심지어 지식층에서도 얼마나 많은 사람이 그러한 새로운 종교들에 매료되어 있는가를 알게 되면 가히 놀랄 것이다. 그러한 종교들의 믿음은 가장 모호한 신비주의로부터 가장 노골적인 미신에 이르기까지 다양하다.

세상 철학이 과학적 기초로부터 이루어질지 모른다는 제안은 쉽게 할 수 있다. 그러나 보통 그러한 제안은 과학적 관점이 전혀 없는 토대 위에 선 탐구 가들에 의해서는 거절된다. 이 제안에는 진실의 요소가 담겨 있다. 만약 학문이라는 용어가 아직 남아 있는 전통적인 취지에서 이해에 대한 신뢰를 의미한다고 하면 이 제안은 실로 전적으로 옳다. 하지만, 그러한 방법은 그것을 채택하는 사람들이 전혀 진실된 과학적 감각이 있지 않다는 것을 입증한다. 진실은 매우 다르다. 학문의 한 분야를 세우는 데 기여해 온 사람이면 누구나 이런 방향에서의 모든 노력이 어떤 겸허한, 그러나 필연적인 원칙에 의해 유도된다는 것을 개인의 경험으로부터 잘 알고 있다. 이 원칙이라는 것은 신념, 즉 앞을 바라보는 신념이다. 학문에는 선입관이 전혀 없다고 말하는데, 이것만큼 철저하게 또는 비참하게 잘못 이해된 말도 없다. 모든 학문 분야는 반드시 경험적인 토대를 가져야 한다는 것이 사실이다. 자료는 항상 불완전하다. 그것은 숫자가 아무리 많아도 각각 분리된 여러 개의 부분으로 구성되어 있으며, 이것은 자연 과학의 표에 나와 있는 숫자 들에 대해서도 그리고 인문 과학의 다양한 문서들에 대해서도 사실이다.

따라서 자료는 반드시 완성되어야 하는데, 이는 분리된 틈새 들을 메움으로써 이루어진다. 이를 이루기 위해서는 관념들의 연상법이 필요하다. 관념들의 연상은 이해에 대한 연구가 아니 라 연구가의 상상—신념으로 기술될 수 있거나 또는 더욱 조심스럽 게 연구 가설로 기술될 수 있는 행위—의 소산이다. 요점은 그 내 용이 이렇게 보나 저렇게 보나 경험적 자료들을 능가한다는 것 이다. 무질서하게 난무하는 개개의 질량들이 어떤 조화력도 없 이 저절로 우주로 화할 수는 없으며, 이와 비슷하게, 신념에 고 무된 영혼의 지적인 간섭이 없이는 흐트러진 경험 자료들이 저 절로 진정한 학문을 형성해 줄 수는 없다.

이제 다양한 학문에 관해 더욱더 깊어진 이러한 견해가 과연 우리에게 삶의 문제들에 적합하게 적용될 수 있는 세상 철학을 제공해 줄 수 있는가에 대한 문제가 제기된다. 이 문제에 대한 최선의 답은 일부 위대한 과학자들을 참고함으로써 얻어진다. 그들은 이러한 견해를 수용했고 또한 실제로 이것이 삶의 문제 들에 그러한 봉사를 제공한다는 것을 발견했다. 궁핍한 삶일지 라도 학문에 의해 지탱될 수 있었고 심지어 훌륭한 수까지 있 었던 많은 연구가 중에서도 첫 번째로 케플러(Johann Kepler) 를 꼽고 싶다. 밖으로부터 바라보면, 그의 전 생애는 가난과 좌 절과 근심으로 점철되었다. 즉 그는 '가난에 찌들었었다.' 그의 인생의 마지막 해에 그는 레겐스부르크의 의회에 당시에 오랫동안 연체된 황실 연금을 지급해 줄 것을 청원하지 않을 수가 없었다. 그의 가장 큰 시련은 아마 그의 어머니의 요술 혐의에 대해 변론하지 않으면 안 되었을 때일 것이다. 이러한 모든 어려움 속에서도 그를 지탱해 주고 그에게 연구를 할 수 있도록 해준 것은 그가 몰두하던 학문이었다. 그것은 천문학적 관측과 관계된 숫자들이 아니라, 그가 우주의 합리적 법칙에 따라 이들 숫자로부터 끌어낸 신념이었다. 그의 경우와 그의 선생이었던 브라헤(Tycho Brahe)의 경우를 비교해 보는 것은 교훈적이다. 브라헤도 똑같은 과학적 지식을 가지고 있었고 똑같이 관측된 사실들을 처리했었다. 그에게 결여되었던 것은 불변의 법칙들에 대한 신념이었고, 그래서 케플러가 현대 천문학의 시조가 되는 동안 그는 단지 그저 가치 있는 많은 학자 중의 한 사람 정도로 남게 될 수밖에 없었다.

이와 관련하여 떠오르는 또 하나의 이름은 역학적 열당량의 발견자인 마이어(Julius Robert Mayer)이다. 마이어는 케플러와는 달리 경제적 곤란에 쪼들리지는 않았다. 그러나 그는 자신의 에너지 보존 이론이 무시되는 것으로부터 더 큰 고통을 받았다. 지난 세기 중반의 모든 학자는 그저 자연 철학적 취향을 가졌던 것이면 무엇이든 일단 크게 의심을 하고 보았다. 그러나 마이어는 침묵을 지킨 채 동요하지 않았고, 그의 지식에서라기보다는 신념에서 위안을 찾았다. 마침내 그는 독일 자연주의자 및 물리학자 협회에서 그의 학문 분야를 대표해 줄 사람들을 만났는데, 그중 헬름홀츠에 의해 오랫동안 그를 외면해 왔던 공식적인 찬사를 받게 되었다(인스부르크에서 열린 1869년 연례회의에서). 따라서 이런저런 많은 비슷한 예들에서 우리는 적극적인 신념이 그 역할을 한다는 것을 발견하며, 또한 이러한 신념은 개개의 학문적 자료들에 진정한 효용성을 주는 힘이 된다는 것을 본다. 한 걸음 더 나아가서, 자료를 수집하는 최초의 단계에서는 더욱더 심원한 조화에 대한 예언자적 믿음이 가치 있는 봉사를 한다고 주장할 수 있다. 이러한 신념은 방향을 지시하며 감각을 날카롭게 해준다. 문서 보관소에서 문서들을 뒤적거리면서 그가 발견한 것들을 연구하는 사학자나, 또는 실험실에서 연구하며 그 결과들을 면밀히 조사하는 실험자가 만약, 그의 연구를 유도하고 그 결과들을 해석하는 데 도움이 되는 다소 신중하고 지적인 자세를 갖추고 있다면, 그는 자신의 연구 진전이 쉬워진다는 것을 자주 발견하게 될 것이다. 특히 그가 핵심적인 것과 비핵심적인 것을 구분하게 될 때 더욱더 그렇다. 그렇게 되면, 그가 경험하는 것은 마치 아직 증명할 수 없는 명제일지라도 그것을 찾아서 공식화하는 수학자들의 경험과 비슷하게 된다.

아직도 위험은 남아 있는데, 그것은 아마 쉽게 발견할 수 없는 가장 심각한 것일 수 있다. 이 점에 있어 그것은 그냥 지나쳐져서는 결코 안 된다. 그것은 바로 주어진 자료가 잘못 해석되거나 심지어 무시되어 버릴 수 있다는 사실이다. 만약 이런 일이 생기면 학문은 거짓말, 즉 단 한 번의 충격으로 무너져버리는 텅 빈 구조가 되어 버린다. 젊은이, 늙은이 할 것 없이 무수히 많은 과학자가 과학적 신념에만 열중한 나머지 이러한 위험에 무릎을 꿇고 말았다. 오늘날 그 위험은 그 어느 때보다 심각하다. 유일한 치료책은 사실들을 존중하는 데 놓여 있다. 생각하는 사람의 상상이 풍부하면 할수록 학문의 존재에 필수적인 토대는 늘 여러 가지 다른 사실들에 의해 형성된다는 것을 절대 잊지 않도록 더욱 유의해야 하며, 또한 반드시 자신이 그러한 사실들에 대해 당연한 경의를 가지고 다루고 있는가를 더욱 조심스럽게 자신에게 물어야 한다.

오직 실제적인 삶의 경험의 도움으로 얻어진 확고한 기반 위에 우리의 뿌리를 내렸을 때만, 우리는 이 세상의 합리적인 배열에 대한 신념에 기초를 둔 세상 철학을 마음 놓고 믿을 수 있는 권리를 갖게 된다.

막스 플랑크의 물리 철학
과학적 신념은 어디에서 오는가

초판 1쇄 2019년 10월 21일

지은이 막스 플랑크
옮긴이 이정호
펴낸이 손영일
펴낸곳 전파과학사
주소 서울시 서대문구 증가로 18, 204호
등록 1956. 7. 23. 등록 제10-89호
전화 (02) 333-8877(8855)
FAX (02) 334-8092
홈페이지 www.s-wave.co.kr
E-mail chonpa2@hanmail.net
공식블로그 http://blog.naver.com/siencia

ISBN 978-89-7044-907-4 (03420)
파본은 구입처에서 교환해 드립니다.
정가는 커버에 표시되어 있습니다.

도서목록

현대과학신서

A1 일반상대론의 물리적 기초
A2 아인슈타인 I
A3 아인슈타인 II
A4 미지의 세계로의 여행
A5 천재의 정신병리
A6 자석 이야기
A7 러더퍼드와 원자의 본질
A9 중력
A10 중국과학의 사상
A11 재미있는 물리실험
A12 물리학이란 무엇인가
A13 불교와 자연과학
A14 대륙은 움직인다
A15 대륙은 살아있다
A16 창조 공학
A17 분자생물학 입문 I
A18 물
A19 재미있는 물리학 I
A20 재미있는 물리학 II
A21 우리가 처음은 아니다
A22 바이러스의 세계
A23 탐구학습 과학실험
A24 과학사의 뒷얘기 1
A25 과학사의 뒷얘기 2
A26 과학사의 뒷얘기 3
A27 과학사의 뒷얘기 4
A28 공간의 역사
A29 물리학을 뒤흔든 30년
A30 별의 물리
A31 신소재 혁명
A32 현대과학의 기독교적 이해
A33 서양과학사
A34 생명의 뿌리
A35 물리학사
A36 자기개발법
A37 양자전자공학
A38 과학 재능의 교육
A39 마찰 이야기
A40 지질학, 지구사 그리고 인류
A41 레이저 이야기

A42 생명의 기원
A43 공기의 탐구
A44 바이오 센서
A45 동물의 사회행동
A46 아이작 뉴턴
A47 생물학사
A48 레이저와 홀러그러피
A49 처음 3분간
A50 종교와 과학
A51 물리철학
A52 화학과 범죄
A53 수학의 약점
A54 생명이란 무엇인가
A55 양자역학의 세계상
A56 일본인과 근대과학
A57 호르몬
A58 생활 속의 화학
A59 셈과 사람과 컴퓨터
A60 우리가 먹는 화학물질
A61 물리법칙의 특성
A62 진화
A63 아시모프의 천문학 입문
A64 잃어버린 장
A65 별·은하 우주

도서목록

BLUE BACKS

1. 광합성의 세계
2. 원자핵의 세계
3. 맥스웰의 도깨비
4. 원소란 무엇인가
5. 4차원의 세계
6. 우주란 무엇인가
7. 지구란 무엇인가
8. 새로운 생물학(품절)
9. 마이컴의 제작법(절판)
10. 과학사의 새로운 관점
11. 생명의 물리학(품절)
12. 인류가 나타난 날 I (품절)
13. 인류가 나타난 날 II (품절)
14. 잠이란 무엇인가
15. 양자역학의 세계
16. 생명합성에의 길(품절)
17. 상대론적 우주론
18. 신체의 소사전
19. 생명의 탄생(품절)
20. 인간 영양학(절판)
21. 식물의 병(절판)
22. 물성물리학의 세계
23. 물리학의 재발견〈상〉
24. 생명을 만드는 물질
25. 물이란 무엇인가(품절)
26. 촉매란 무엇인가(품절)
27. 기계의 재발견
28. 공간학에의 초대(품절)
29. 행성과 생명(품절)
30. 구급의학 입문(절판)
31. 물리학의 재발견〈하〉
32. 열 번째 행성
33. 수의 장난감상자
34. 전파기술에의 초대
35. 유전독물
36. 인터페론이란 무엇인가
37. 쿼크
38. 전파기술입문
39. 유전자에 관한 50가지 기초지식
40. 4차원 문답
41. 과학적 트레이닝(절판)
42. 소립자론의 세계
43. 쉬운 역학 교실(품절)
44. 전자기파란 무엇인가
45. 초광속입자 타키온
46. 파인 세라믹스
47. 아인슈타인의 생애
48. 식물의 섹스
49. 바이오 테크놀러지
50. 새로운 화학
51. 나는 전자이다
52. 분자생물학 입문
53. 유전자가 말하는 생명의 모습
54. 분체의 과학(품절)
55. 섹스 사이언스
56. 교실에서 못 배우는 식물이야기(품절)
57. 화학이 좋아지는 책
58. 유기화학이 좋아지는 책
59. 노화는 왜 일어나는가
60. 리더십의 과학(절판)
61. DNA학 입문
62. 아몰퍼스
63. 안테나의 과학
64. 방정식의 이해와 해법
65. 단백질이란 무엇인가
66. 자석의 ABC
67. 물리학의 ABC
68. 천체관측 가이드(품절)
69. 노벨상으로 말하는 20세기 물리학
70. 지능이란 무엇인가
71. 과학자와 기독교(품절)
72. 알기 쉬운 양자론
73. 전자기학의 ABC
74. 세포의 사회(품절)
75. 산수 100가지 난문·기문
76. 반물질의 세계(품절)
77. 생체막이란 무엇인가(품절)
78. 빛으로 말하는 현대물리학
79. 소사전·미생물의 수첩(품절)
80. 새로운 유기화학(품절)
81. 중성자 물리의 세계
82. 초고진공이 여는 세계
83. 프랑스 혁명과 수학자들
84. 초전도란 무엇인가
85. 괴담의 과학(품절)
86. 전파란 위험하지 않은가(품절)
87. 과학자는 왜 선취권을 노리는가?
88. 플라스마의 세계
89. 머리가 좋아지는 영양학
90. 수학 질문 상자

91. 컴퓨터 그래픽의 세계
92. 퍼스컴 통계학 입문
93. OS/2로의 초대
94. 분리의 과학
95. 바다 야채
96. 잃어버린 세계·과학의 여행
97. 식물 바이오 테크놀러지
98. 새로운 양자생물학(품절)
99. 꿈의 신소재·기능성 고분자
100. 바이오 테크놀러지 용어사전
101. Quick C 첫걸음
102. 지식공학 입문
103. 퍼스컴으로 즐기는 수학
104. PC통신 입문
105. RNA 이야기
106. 인공지능의 ABC
107. 진화론이 변하고 있다
108. 지구의 수호신·성층권 오존
109. MS-Window란 무엇인가
110. 오답으로부터 배운다
111. PC C언어 입문
112. 시간의 불가사의
113. 뇌사란 무엇인가?
114. 세라믹 센서
115. PC LAN은 무엇인가?
116. 생물물리의 최전선
117. 사람은 방사선에 왜 약한가?
118. 신기한 화학매직
119. 모터를 알기 쉽게 배운다
120. 상대론의 ABC
121. 수학기피증의 진찰실
122. 방사능을 생각한다
123. 조리요령의 과학
124. 앞을 내다보는 통계학
125. 원주율 π의 불가사의
126. 마취의 과학
127. 양자우주를 엿보다
128. 카오스와 프랙털
129. 뇌 100가지 새로운 지식
130. 만화수학 소사전
131. 화학사 상식을 다시보다
132. 17억 년 전의 원자로
133. 다리의 모든 것
134. 식물의 생명상
135. 수학 아직 이러한 것을 모른다
136. 우리 주변의 화학물질
137. 교실에서 가르쳐주지 않는 지구이야기
138. 죽음을 초월하는 마음의 과학
139. 화학 재치문답
140. 공룡은 어떤 생물이었나
141. 시세를 연구한다
142. 스트레스와 면역
143. 나는 효소이다
144. 이기적인 유전자란 무엇인가
145. 인재는 불량사원에서 찾아라
146. 기능성 식품의 경이
147. 바이오 식품의 경이
148. 몸 속의 원소 여행
149. 궁극의 가속기 SSC와 21세기 물리학
150. 지구환경의 참과 거짓
151. 중성미자 천문학
152. 제2의 지구란 있는가
153. 아이는 이처럼 지쳐 있다
154. 중국의학에서 본 병 아닌 병
155. 화학이 만든 놀라운 기능재료
156. 수학 퍼즐 랜드
157. PC로 도전하는 원주율
158. 대인 관계의 심리학
159. PC로 즐기는 물리 시뮬레이션
160. 대인관계의 심리학
161. 화학반응은 왜 일어나는가
162. 한방의 과학
163. 초능력과 기의 수수께끼에 도전한다
164. 과학·재미있는 질문 상자
165. 컴퓨터 바이러스
166. 산수 100가지 난문·기문 3
167. 속산 100의 테크닉
168. 에너지로 말하는 현대 물리학
169. 전철 안에서도 할 수 있는 정보처리
170. 슈퍼파워 효소의 경이
171. 화학 오답집
172. 태양전지를 익숙하게 다룬다
173. 무리수의 불가사의
174. 과일의 박물학
175. 응용초전도
176. 무한의 불가사의
177. 전기란 무엇인가
178. 0의 불가사의
179. 솔리톤이란 무엇인가?
180. 여자의 뇌·남자의 뇌
181. 심장병을 예방하자